Verständliche Wissenschaft Band 106

Rolf Müller

Der Himmel über dem Menschen der Steinzeit

Astronomie und Mathematik
in den Bauten der Megalithkulturen

Mit 79 Abbildungen

Springer-Verlag Berlin Heidelberg GmbH

Herausgeber der Naturwissenschaftlichen Abteilung
Prof. Dr. KARL V. FRISCH, München

Prof. Dr. ROLF MÜLLER
8204 Degerndorf/Inn, Weidacher-Straße 4

ISBN 978-3-540-05032-2   ISBN 978-3-642-86137-6 (eBook)
DOI 10.1007/978-3-642-86137-6

Umschlagbild: Sonnenwagen von Trundholm
Umschlagentwurf: W. EISENSCHINK, Heidelberg

Das Werk ist urheberrechtlich geschützt. Die dadurch begründeten Rechte, insbesondere die der Übersetzung, des Nachdruckes, der Entnahme von Abbildungen, der Funksendung, der Wiedergabe auf photomechanischem oder ähnlichem Wege und der Speicherung in Datenverarbeitungsanlagen bleiben, auch bei nur auszugsweiser Verwertung, vorbehalten. Bei Vervielfältigungen für gewerbliche Zwecke ist gemäß § 54 UrhG eine Vergütung an den Verlag zu zahlen, deren Höhe mit dem Verlag zu vereinbaren ist.
© by Springer-Verlag Berlin Heidelberg 1970
Ursprünglich erschienen bei Springer-Verlag Berlin · Heidelberg 1970
Number 79-114969.   Titel-Nr. 7239

Vorwort

Dieses Buch erzählt von den bewundernswerten astronomischen und mathematischen Kenntnissen des Menschen der Steinzeit, der das himmlische Geschehen bei der Ausrichtung seiner Megalithbauten mit erstaunlicher Genauigkeit seinen Zwecken dienlich machte. Der Beschreibung von Stonehenge und seiner astronomischen Bedeutung ist ein größerer Raum gewidmet, zumal neue Untersuchungen erstaunliche Erkenntnisse ans Licht brachten und möglicherweise hier die Priesterastronomen nicht nur Sonnen- und Mondfinsternisse beobachteten, sondern mit dem „Zählwerk" der Aubreylöcher sogar vorhersagen konnten.

Bei der Erforschung der megalithischen Steingehege tritt klar zu Tage, daß die Bauherren überaus tüchtige und praktische Geometer waren. Sie operierten mit geraden Maßzahlen, und so wie heute der Feldmesser seinen Meterstab gebraucht, diente ihnen bei der Errichtung ihrer Steindenkmäler die „Megalithische Elle" als Grundmaß.

Zweimal bin ich bei meinen Ausführungen vom Boden sicherer chronologischer Einordnung abgewichen. Dies trifft im Besonderen für die Beschreibung der Turmfelsen der Externsteine zu, deren Vorgeschichte in Dunkel gehüllt ist, und zu deren astronomischer Bedeutung wir nur Verdachtsgründe anzuführen vermögen. Aber gerade hier, wo fast im Zorn die Ansichten aufeinanderprallen, lag mir daran, die Meinung des Astronomen vorurteilsfrei zur Sprache zu bringen. Auch die Berguhren im Alpenraum sind zwar sicher schon in vorgeschichtlicher Zeit in Gebrauch gewesen, haben aber ebenso sicher keinen Bezug zu den Steinzeitkulturen.

Dem Herausgeber, Herrn Prof. Dr. Karl v. Frisch, danke ich für mancherlei Anregungen und dem Springer-Verlag für die Möglichkeit der Ausstattung des Buches mit zahlreichen Abbildungen. Für photographische Aufnahmen gebührt mein besonderer Dank den Herren Wolfgang Harprecht und Eckart Freiherr v. Streit.

Brannenburg-Degerndorf   Rolf Müller

Inhaltsverzeichnis

I. Einführung 1
Das Forschungsgebiet 1 — Die Chronologie 2 — Religion und Himmelsvorstellung 3 — Seelenloch oder Visur? 5 — Zerstörung und Vandalismus 6

II. Himmelskundliche Begriffe 9
Vom Sonnenlauf 9 — Die Sonnenwarten und ihre Erforschung 10 — Meßdaten zum Nachweis der Ortung 12 — 1. Das Azimut 12 — 2. Die Deklination 12 — 3. Das Horizontprofil 13 — 4. Die Strahlenbrechung 13 — Die Rechendaten 14 — Die säkulare Änderung der Deklination 15 — Rechenbeispiel 16 — Der Lauf des Mondes am Himmelsrand 16 — Der 18,6jährige Mondknotenumlauf 16 — Beobachtung des Mondes im Extrem 19 — Der Polarkreis des Mondes 20

III. Astronomische Ausrichtung — Der Sonnenkalender . . . 22
Neue Erkenntnisse 22 — Die Darstellung des astronomischen Richtungsbildes 22 — Die Sonnenvisuren 25 — Von der Genauigkeit und der Teilung des Jahres 26 — Der 16 Monate Kalender 27 — Das Beobachtungsbild des Sonnenkalenders 28 — Kalendermarken auf der Insel Sylt 30 — Eine besondere Sonnenvisur 32

IV. Maß und Fläche in der Vorzeit 34
Eine Elle gleich 83 cm 34 — Die mathematische Behandlung 35 — Die Steinsetzung Odry als Testfall 36 — Auf der Suche nach dem Grundmaß 38

V. Die Konstruktion der Steinkreise 40
Statistische Erkenntnisse 40 — Form und geometrische Konstruktion 41 — Die Flachkreise 42 — Eiförmige Steinringe 43 — Pythagoreische Dreiecke 44 — Die eiförmigen Steinkreise von Boitin 45 — Die Maßzahlen des Steintanzes 48 — Ellipsen 49

VI. Berühmte Steindenkmäler 50
1. Stonehenge entziffert 50 — Neuere Ergebnisse 51 — Die Sonnen- und Mondortungen 52 — Das „Hufeisen" und seine Ausrichtung 54 — Vom Zufall und der Wahrscheinlichkeit 56 — Der Computer „Oskar" antwortet 58 — Die Aubreylöcher 59 — Sonnen- und Mondfinsternisse 60 — Wie kommen die Finsternisse

zustande? 60 — Der Saroszyklus im Bild 61 — Der Bericht Diodors 63 — Mondlauf und Finsternisse beiderseits des Heelsteins 64 — Ein 56 Jahre-Zyklus 66 — Stonehenge ein „neolithischer Computer" 67 — Der Sarsenkreis als Tageszähler 69 — Himmelskundliche Schriftzeichen 69 — 2. Avebury 72 — 3. Woodhenge 74 — 4. Megalithbauten in der Ahlhorner Heide 75 — Die Ausrichtung der „Hünenbetten" 75 — Die Visbeker Braut 79 — 5. Mecklenburgs Steintänze 81 — Der „Steintanz" von Boitin 81 — Der Doppelkreis von Klopzow 84 — 6. Die Steinkreise von Odry 85 — 7. Die Externsteine 88 — Das Turmzimmer 90 — Die Vermessung 90 — Kritik und Ergebnis 93 — Schwarmgeister 95 — Das Steingehege bei Caithness eine „Übungsanlage" 95 — Die astronomische Bedeutung von Mid Clyth 97 — 8. Tausend und mehr Steine in der Bretagne 99 — Die Steinreihen und ihre himmelskundliche Ausrichtung 99 — Die Zielrichtungen 100 — Der Sonnenkalender von Kerlescan 102 — Maßzahlen 103

VII. Die Orientierung von Ganggräbern 104

Dolmen in der Bretagne 104 — Der Tisch der Kaufleute 106 — Die Bedeutung der 56 Krummstäbe 107 — Geortete Ganggräber in Großbritannien 109 — Die Sonnenwarte von Clava 109 — Der geometrische Aufbau der Anlage 110 — Überblick 112 — Das Richtungsbild der Steingräber 113

VIII. Der Mond als Beobachtungsobjekt 115

Beobachtungen am nördlichen Polarkreis des Mondes 116 — Der Tursachan Kreis 116 — Die Mondortung 118 — Die Beobachtung der 86tägigen Mondwanderung 118 — Mondortungen auf der Insel Sylt 120 — Zusammenfassender Überblick 121

IX. Sterne als Richt- und Zeitweiser 125

Sternauf- und -untergänge 125 — Das Ortungsdiagramm der Sterne 127 — Die Deutung der Sternvisuren 128 — Die Sterne verlöschen 130 — Chronologie und Sternvisuren 131 — Der Sternenhimmel über uns 133 — Felszeichnungen und Schalensteine 134 — Uhrsterne 136 — Der Jahreslauf der Sterne 138 — Weltmitte und Drehpunkt des Himmels 139 — Die Wandersterne 139

X. Zeitmarken im Alpenraum 141

Die Uhrenberge 141 — Die Sextener Uhrenberge 141 — Bergsonnenuhren bei Hallstatt 143 — Die Elfer- und Zwölferkogel von Goisern 146

XI. Rückblick — Ausschau 147

Literatur 149

Sachverzeichnis 151

I. Einführung

Das Forschungsgebiet. Die vorliegende Arbeit soll den Leser mit himmelskundlichen und mathematisch-geometrischen Erkenntnissen vertraut machen, die dem Astronomen das Studium der oft gewaltigen Steindenkmäler der europäischen Vorzeit zu verraten vermag.

Die archäologische Forschung hat aus Tausenden von Fundgegenständen, aus vielen Hunderten von Steingräbern oder Steinkreisen, an Dolmen (Steintischen), Steinsäulen (Menhirs) sowie Steinpfeilerreihen (Alignement = Richtlinie) uns ein recht übersichtliches Bild von der Lebensform und Wirtschaft, von der Kunst und Religion des Menschen im Neolithikum aufzeichnen können. In seiner dreibändigen Vorgeschichte der Menschheit spricht Herbert Kühn [24] den Gedanken aus: „Jede Kulturstufe bestimmt sich in sich selbst durch drei Elemente: die Wirtschaft, die Kunst, die Religion." Ich bin der Meinung, daß mit diesen drei Begriffen das Feld zu eng abgesteckt ist. Die Völker, deren Weg von der iberischen Halbinsel über Frankreich, Großbritannien, durch Deutschland und die skandinavischen Räume führte, offenbaren in ihren Bauten nicht nur ihre religiösen Vorstellungen, sondern ein eigenartiges mathematisch-meßtechnisches — und vor allen Dingen himmelskundliches Wissen.

Der Neusteinzeitmensch war Ackerbauer, der zur Erzielung guter Ernteerträgnisse verständlicherweise einer genauen Kalenderteilung bedurfte. Zwangsläufig mußte er den im Wechsel der Monate und Jahre sich abspielenden Himmelserscheinungen Beachtung schenken oder, wie es der religiöse Kult verlangte, die Feste bestimmen, damit sie wirklich auf „feste" Tage fielen. Wenn es auch von diesen frühen Zeiten keine schriftliche Überlieferung gibt, so vermögen doch die Steine zu sprechen. Es ist eine stumme und doch eindringliche Sprache, die der Astronom wohl versteht, und die ihm zu sagen vermag, welch geschickte Beobachtungen die Priesterastronomen etwa über ihre Steinkreise hinweg mit ihren steinernen Ziellinien oder Visiereinrichtungen vollbrachten.

Bei der geometrischen Konstruktion bedienten sich die Bauherren in auffallender Weise pythagoreischer Dreiecke und legten ihren Bauplänen ein im ganzen europäischen Raum nachweisbares „Steinzeitmaß" zugrunde. Man verstand es, geübt mit „Elle und Faden" umzugehen, was uns die verschiedenen formschönen Spielarten der ausgeführten Steinsetzungen verraten.

Die Forscher sind sich schon seit langem darin einig, daß der Ausrichtung der Denkmäler der Megalithkultur vielfach himmelskundliches Wissen oder astronomische Zweckbestimmung zugrunde liegt. Doch ist mit dieser Feststellung das himmelskundliche Orientierungsbild der Neusteinzeit keineswegs erschöpfend dargestellt. Untersuchungen amerikanischer und englischer Astronomen und Mathematiker haben im letzten Jahrzehnt Quellen erschlossen, die uns sehr aufhorchen lassen müssen, denn aus ihren Arbeiten eröffnet sich ein neues Bild von der himmelskundlichen Beobachtungskunst des Steinzeitmenschen, das in geradezu überraschender Weise alle bisherigen Vorstellungen weit übertrifft. Dies zwingt uns dazu, die bisher vorliegenden — man darf sagen doch recht spärlichen — Zeugnisse in einem neuen Licht zu sehen und erneut zu überprüfen.

Die Chronologie. Für den Astronomen, der sich dem Studium der Megalithkultur widmet, ist natürlich die Frage nach der Datierung von Bedeutung. Die Chronologie der Neusteinzeit, die zuweilen mit einem Übergang zur Bronzezeit verknüpft ist, ist heute dank der verhältnismäßig sicheren Datierung durch die Radiokarbonmethode kaum umstritten. Nach H. Kühn [24] fallen die britischen Megalithbauten fast alle in die Bronzezeit, doch sind auch einige Gräber in Südengland dem Neolithikum zuzurechnen. Der Spielraum umfaßt hier etwa die Zeitepochen von 2000 bis 1600 v. Chr. Bei der norddeutschen Megalithkultur, deren gewaltigste Steindenkmäler in der Ahlhorner Heide bei Wildeshausen (Niedersachsen) liegen, rechnet man mit Zeiten zwischen —1800 bis —1400.

Der Astronom steht nun vor der Aufgabe vornehmlich den Lauf der Sonne und des Mondes in Rechnung zu stellen, der sich in der Zeitspanne zwischen —2000 bis —1400 praktisch nahezu unmerklich ändert, beträgt doch die Änderung in diesen 600 Jahren nur siebenhundertstel Grad (0,07°). Die meisten vermessenen Steinsetzungen liegen in Großbritannien und Irland, und man legte hier der nachprüfenden Rechnung die Zeitepoche 1800 v. Chr. zugrunde. Für die folgenden Untersuchungen habe ich diese Epoche — falls nicht anderes vermerkt — ebenfalls stets benutzt.

Etwas schwieriger liegt der Fall bei den in Frage kommenden helleren Sternen, deren Himmelsort, über den die einschlägigen Tafeln zumeist bis zum Jahre —4000 zuverlässige Auskunft liefern, schon im Laufe einiger Jahrhunderte sich merklich ändern kann. Bei 16 hellen Fixsternen, die wohl überhaupt der Untersuchung wert sind, beträgt die Ortsveränderung um die Zeit —1800 innerhalb von ±250 Jahren im Mittel 1,8°, wobei die minimalen und maximalen Änderungsbereiche zwischen 0,5° bis 3° liegen. Es kann also bei den Sternen nicht stets in aller Strenge ein Ortungsnachweis erbracht werden. Doch die Sache mit der verhältnismäßig schnellen Positionsänderung der Sterne hat auch ein Gutes. Man hat z. B. genügend sichere Zeugnisse dafür, daß die Capella als Uhrstern am meisten unter Beobachtung stand. In solchen Fällen ermöglicht die Vermessung der aufgefundenen Visieranlage auch eine recht genaue Zeitbestimmung über die Errichtung der Anlage. Der Astronom vermag also ortsweise, ähnlich wie bei der Radiokarbonmethode, sozusagen Datierungsfixpunkte zu setzen, die das chronologische Bild der Archäologie wertvoll unterstützen können. Das gilt übrigens auch, im weiten statistischen Rahmen gesehen, für die so überaus zahlreichen Sonnen- und Mondbeobachtungsstätten des Neolithikums.

Religion und Himmelsvorstellung. Mannigfaltige Formen zeigen die symbolischen Zeichnungen, die man von Spanien bis Skandinavien gefunden hat und die zugleich den Weg der Ausbreitung der Megalithkultur kennzeichnen. Vorherrschende Verzierungen bilden geometrische Linien wie konzentrische oder auch elliptische Kreise und Spiralen oder auch parallel oder im Zickzackmuster verlaufende Linien und Dreiecke. Auch Sonne und Mond sind ganz offensichtlich dargestellt. Daneben findet man auch auf Steinen oder auf Steintafeln Menschen oder Gottheiten in betender oder beschwörender Haltung. Die Grabplatte einer Steinkiste bei Anderlingen (15 km südöstlich von Bremervörde) zeigt z. B. 3 Gestal-

Abb. 1. Das Augenmotiv mit Dreiecken und Zickzack. Schiefertafel aus Südportugal (Los Millares-Kultur)

ten, die man als die germanischen Götter Fryr, Thor und Tyr (?) angesprochen hat. Eine wichtige Rolle spielte bei der künstlerischen Gestaltung anscheinend auch die Darstellung eulenartiger und betont übergroßer Augen.

Die Archäologen glauben in den Funden, den Grabbauten usw. in rohen Zügen den Ausdruck eines Ahnen- und Totenkults großen Stiles sehen zu müssen, der mit dem Himmelsgottglauben eng verknüpft war. Das Auge des Himmelsforschers, der sich eingehend mit der Ausrichtung und Konstruktion der Bauwerke oder der steinernen Visieranlagen vertraut gemacht hat, wird verständlicherweise dazu neigen, das bildliche oder figürliche Fundmaterial von seiner Sicht aus zu deuten. So ist z. B. das erwähnte Augenmotiv, das auf dem großen Weg der Megalithkultur auftaucht, und dessen eindringliche Form die Abb. 1 zeigt, vielleicht nicht nur als das alles gewahrende Auge der Erdmutter anzusehen. Gerade in Verbindung mit den hier so betont hervorgehobenen Dreiecken, denen man bei der Baukonstruktion der Denkmäler so große Beachtung schenkte, soll hier möglicherweise das Sehen, der Blick des Himmelsbeobachters zum Ausdruck gebracht werden? Auf einem Ganggrab bei Irland fand man Gravierungen, auf denen man ein Bild der Sonne und vielleicht auch das des Mondes erkennen kann. Weitere Motive auf dieser Steinplatte bilden 6 konzentrisch-elliptische Kreise, die einen unwillkürlich an in Großbritannien aufgefundene Steinkreissetzungen erinnern. Und mitten in dieses Bild hat der Künstler ein Augenpaar gelegt, als wolle er symbolisch hier die Tätigkeit des Priesterastronomen zur Darstellung bringen.

Man muß natürlich ganz allgemein bei jeder Deutung von Mustern oder Zeichnungen auf den Funden der Phantasie viel Spielraum geben, und ich bin der Meinung, daß man nicht allzuviel Wert darauf legen sollte, wenn auch jeder Deutungsversuch die Diskussion fördern kann.

Seelenloch oder Visur? Nun noch ein Wort zu jenen Fundstücken, bei denen kreisförmige Löcher in den Stein gebohrt wurden. Man findet sie zuweilen bei den deutschen und dänischen „Steinkisten". Berühmt ist die mit rätselhaften Gravierungen versehene Steinkiste von Züschen (Kr. Fritzlar, Hessen), in derem großen Abschlußstein ein kreisrundes Loch gebohrt wurde. „Lochsteine" anderer Art fand man in der Bretagne. Hier wurden in mühevoller Arbeit auf 2 Steinen Kreiskalotten ausgeschliffen und die Steine dann, wie es die Abb. 2 zeigt, zusammengestellt. Das Grab, dessen Beschreibung auf das Jahr 1866 zurückgeht, ist heute zerstört, und die Steine wurden zum Bau einer Mühle verschleppt.

Die Forscher sind zumeist der Meinung, daß es sich bei dieser technisch bewunderswerten Steinbearbeitung um ein „Seelenloch" handeln könne, sozusagen um eine Tür, die der Seele Ein- und Ausgang ermöglicht. Doch scheint mir solche Rundbohrung auch als Visur für Himmelsbeobachtungen verdächtig. Dieser Verdacht stützt sich auf meine Bearbeitung von Kalenderaufzeichnungen, die die Deutsche Hindukusch-Expedition unter Führung von Prof. W. Lentz heimbrachte [25]. Hier berichteten Herrn Lentz seine Gewährsleute, daß man das 2—3tägige Sitzen der Sonne um die Zeit der Sonnenwenden durch ein Loch in der Mauer abschätzte oder durch solche Fenster das einfallende Licht auf der gegenüberliegenden Zimmerwand kontrollierte. Mir scheint diese von den Bewoh-

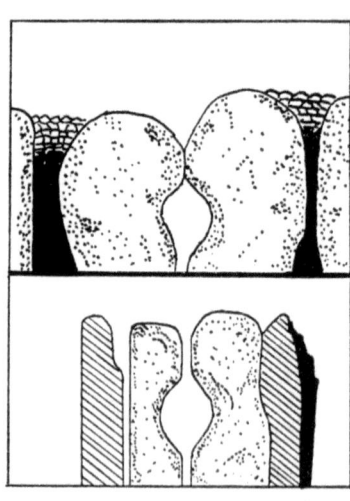

Abb. 2. Tragsteine mit „Seelenloch" Langgrab Kerlescan I, Bretagne. (Nach W. Hülle)

nern Nuristans und Pamir überlieferte Methode, der sich sicherlich auch andere Völker zur Festlegung von Kalenderdaten bedienten, recht beachtenswert, weil hier auch auf die Möglichkeit der Beobachtung des Sonnenbildes im verdunkelten Raum hingewiesen wird. In diesem Zusammenhang weise ich auch auf meine Ausführungen zum sog. „Sonnenloch" bei den Externsteinen hin (s. S. 90).

Herrn H. Roggenkamp verdanke ich den Hinweis, daß auch im sog. „Druidenhain", unweit der oberfränkischen Kreisstadt Ebermannstadt, sich ein Lochstein befindet. Nach Ansicht von G. Richter handelt es sich bei der Anlage um ein „vorgeschichtliches Sonnensystem" [33]. Die in Richters Arbeit vorgelegte Untersuchung zeigt jedoch mancherlei Mängel, so daß sie noch sachlicher Klärung bedarf. Eine Vermessung des zweifellos interessanten Druidenhaines beim Ort Wohlmannsgesees ist in Gang gebracht. (S. a. H. Roggenkamp in Die Externsteine 1969, S. 605.)

Zerstörung und Vandalismus. Überall auf dem Wege des jungsteinzeitlichen Menschen standen einst Tausende steinerner Denkmäler; man übertreibt nicht, wenn man ihre Anzahl auf rund 10 000 abschätzte. Heute ist ihre Anzahl in erschreckender Weise

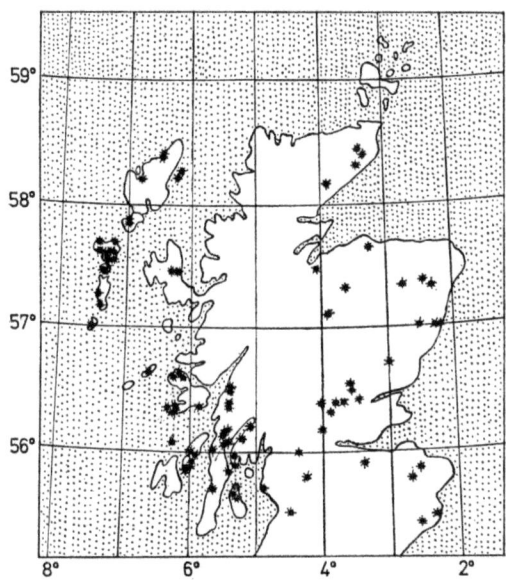

Abb. 3. Die Karte zeigt die Lage von 89 in Schottland geodätisch ausgemessener Steindenkmäler. Auffällig tritt besonders an der Westküste die küstennahe Verteilung der himmelskundlichen Beobachtungsstätten hervor

dezimiert. Dies gilt natürlich auch für den deutschen Raum, wo es nach zeitgenössischen Schilderungen und Schriften einige Tausend dieser stummen Zeugen der Vergangenheit gegeben hat. Auch hier ist infolge eines geradezu vandalischen Raubzuges der Bevölkerung ihre Anzahl so weit vernichtet, verschleppt oder zerstört worden, daß nur noch eine verhältnismäßig kleine Anzahl der Untersuchung zugänglich ist. Rudolf Pörtner hat in seinem Buch „Bevor die Römer kamen" die Taten der Schatzgräber und den Vernichtungsfeldzug der Steinräuber, die zeitweise richtiggehend mit „Hünenschotter" handelten, in dramatischen Berichten überaus lebendig beschrieben; ein deprimierendes Bild tut sich da vor unseren Augen auf [31].

Dänemark weist in großer Fülle steinerne Fundstätten auf, die von der frühesten Steinzeit bis zur Bronzezeit reichen. Eine archäologische Karte des nordwestlichen Seeland verzeichnet fast 400

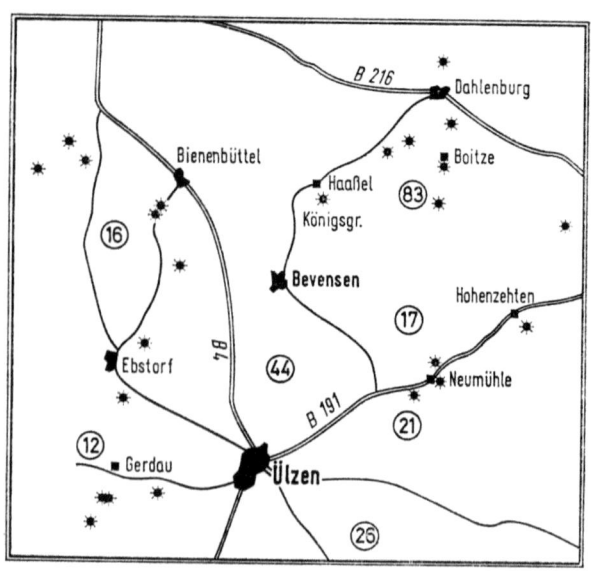

Abb. 4. Im Raum dieses Kartenausschnittes um Uelzen gab es vor über 100 Jahren noch 219 Megalithgräber. Heute verzeichnet die topographische Karte die eingezeichneten (meist stark beschädigten) 24 Gräber! Die Zahlen in den Kreisen zeigen raummäßig die Verteilung der im Jahre 1846 von dem Kammerherrn von Estorff aufgenommenen 219 Kultstätten

vorgeschichtliche Stätten, von denen 219 beschrieben sind. Ein Denkmal im Trundholmer Moor zeigt heute den Reisenden die Fundstätte des berühmten Sonnenwagens, der zu den schönsten Funden der nordischen Bronzezeit gehört und den Einband dieses Büchleins schmückt. Die Insel ist trotz der Zerstörung vieler der Baudenkmäler einer himmelskundlichen Untersuchung wert, die unsere bisherigen Kenntnisse über die astronomische Ausrichtung der Megalithbauten bestimmt bereichern könnte.

Weitere Schwerpunkte von Steinkreisbauten findet man in Mecklenburg. Zwar sind heute die meisten von ihnen verschollen, doch liegen auch einige Vermessungen vor, von denen ich später (s. S. 81) berichten werde. Auch in Niedersachsen findet man Anhäufungen von Hügeln und Steingräbern (aber kaum Steinkreise), die der Mensch der Vorzeit aus den von den Eiszeitgletschern verschwemmten Gesteinsblöcken errichtete. Vor fast 125 Jahren fand C. von Estorff [7] in der Umgebung von Uelzen noch 219 Gräber vor, von denen noch rund 60% gut erhalten waren. Heute gibt es in diesem Raum nur noch 24 meist stärker beschädigte Gräber! Die Abb. 4 führt uns diese traurige Bilanz vor Augen. Soweit ich feststellen konnte, ist hier nicht der Versuch unternommen worden, die Anlagen auf mögliche astronomische Richtlage hin zu untersuchen.

Die Forscher stehen heute also vielfach vor einem trostlosen „Scherbenhaufen", wobei der Archäologe insofern besser daran ist als der Astronom, weil letzterer besonders auf deutschem Boden mangels genügend vermessener Fundstätten — und es gibt noch genug — nur Kostproben aufweisen kann.

II. Himmelskundliche Begriffe

Vom Sonnenlauf. Wer mit offenen Augen den Jahreslauf der Sonne verfolgt, erkennt schnell, daß sich ihr Auf- und Untergangspunkt zur Zeit der Sommersonnenwende um große Weiten von der Mittagslinie (Süd) entfernt. Im Winter dagegen rücken diese Punkte am Himmelsrand dichter gegen Süd zusammen. Man spricht von einem großen Pendelbogen zur Mittsommerzeit, der bei uns (Breite = 51°) fast ³/₄ des Vollkreises beträgt, dagegen zur Winterzeit nur wenig mehr als 90° mißt. Um die Verhältnisse aufzuzeigen wollen wir die Europakarte (Abb. 5) betrachten, in der Auf- und Untergangsorte für Mallorca, Stonehenge, Bergen und Südisland eingezeichnet sind. Auf Mallorca z. B. beträgt an Mittsommer der durch Pfeilspitzen abgegrenzte Pendelbogen rund 242°. Je weiter wir nach Norden reisen, desto größer wird er, um im südlichen Island bereits auf fast 330° anzuwachsen. Am nördlichen Polarkreis, der ungefähr Nordisland berührt, schließt sich der Bogen, und es kommt hier zur Mitternachtssonne.

Anders verläuft der Sonnengang im Winter. Der Pendelbogen, der für Mittwinter durch die schwarzen Sektoren begrenzt wird, hat z. B. im Mittelmeerbereich noch eine Weite von etwa 118° und die Tagesfahrt der Sonne (Tagebogen) beträgt noch 9¹/₄ Std. Im südlichen Island aber sind die Sonnenstunden im Winter knapp ge-

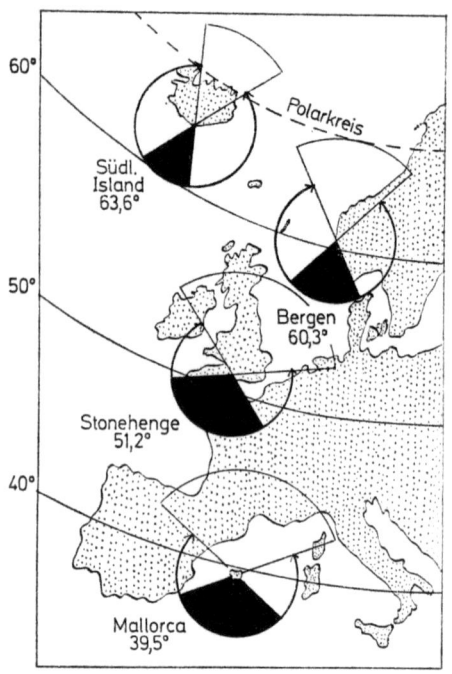

Abb. 5. Weit unterschiedlich sind von Mallorca bis Island die Tagesbögen der Sonne im Sommer und im Winter

worden, denn der Pendelbogen zwischen Sonnenauf- und -untergang hat sich auf etwa 58° verringert, so daß der Tag nur noch etwa 4 Std lang ist.

Bei der Beobachtung der auf- und niedergehenden Sonne bilden natürlich die Wendepunkte ein besonders auffallendes, ja empfindungsmäßig bestimmt bedeutungsvolles Ereignis, das bei den Kulturvölkern durch die Anlage von Sonnenwarten oft mit geradezu erstaunlicher Genauigkeit fixiert wurde.

Die Sonnenwarten und ihre Erforschung. Eine Zeichnung (Abb. 6) kann uns drei Fragen beantworten: 1. Wie nämlich eine Stätte der Sonnenbeobachtung in einfachster Form entstehen konnte, 2. Welchen Bezug die Peilrichtung zum Horizont hat und 3. Welche Meßdaten der Forscher zu ihrem Nachweis benötigt. Das Gelände, auf dem der Beobachter steht, wird ihm in einem

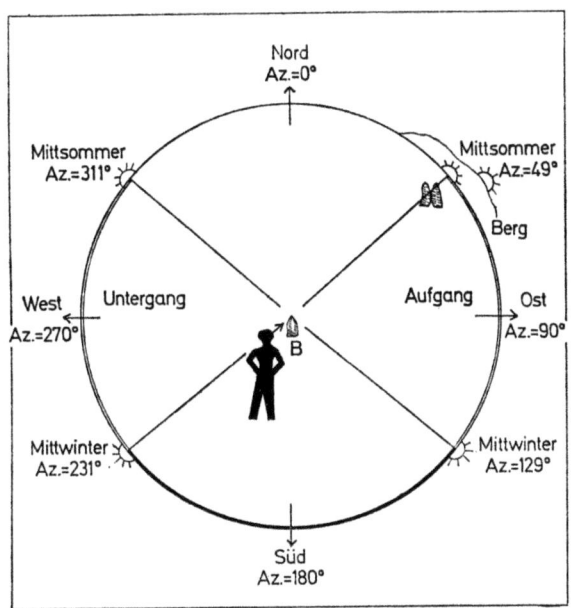

Abb. 6. Der große Kreis des Himmelsrandes mit den Auf- und Untergangspunkten der Sonne in den Wenden. (Jetztzeit, Mitte Sonne, geogr. Breite 52° mit Berücksichtigung der Strahlenbrechung.) Die Azimute (Az.) werden von Nord über Ost—Süd nach West gezählt

großen Kreis ringsherum vom Himmelsrand begrenzt. Er schaut — so zeigt es unser Beispiel in der Abb. 6 — zu jenem Punkt, wo sich zur Sommersonnenwende (Mittsommer) die Sonne erhebt. Ein Peilpfosten, oder noch besser eine Visierkimme aus zwei Steinen, wie man sie öfters antrifft, wird nach mehrjährigen Beobachtungen und Ausfluchtungen endgültig aufgestellt. Natürlich lag es dann nahe, zur Vervollständigung der Visieranlage auch am Beobachtungsplatz *B* das „Korn" durch einen Pfeiler für weitere Beobachtungen zu markieren. Die zweite Fixierung galt, wenn es das Wetter erlaubte, am selben Tag dem Mittsommeruntergang. Schließlich konnte die Anlage zur Anpeilung der Sonnenauf- und -niedergänge zur Wintersonnenwende (Mittwinter) und zur Festlegung der „Halbzeiten", die auf die Auf- und Untergänge zur Zeit der Tag- und Nachtgleichen zielten, dienen.

Meßdaten zum Nachweis der Ortung[1]. Trifft der Forscher auf Steinsetzungen oder sonstige Anlagen die den Verdacht erwecken, himmelskundlich orientiert oder geortet zu sein, so muß der Nachweis sich auf folgende Bestimmungsstücke gründen:

1. Das Azimut. Es ist üblich, den Horizont vom Nordpunkt ausgehend über Ost-Süd-West in 360° zu teilen, so daß jeder Punkt des Himmelsrandes und auch die Richtung jeder gefundener Visur in Gradteilen festgelegt ist. Diesen Winkel auf dem Horizontkreis nennt man das Azimut. Die in unserer Abb. 6 aufgeführten Azimute der 4 Sonnenstationen gelten für die geographische Breite von 52°, sie ändern sich mit zunehmender Breite schnell, was uns anschaulich ein Blick auf die Europakarte (Abb. 5) lehrt.

2. Die Deklination. Ähnlich wie man die Lage eines Erdortes durch seine geographische Breite und seine Länge vom Nullmeridian aus bestimmt, wird auch der Ort eines Gestirnes an der Himmelsphäre festgelegt. Denkt man sich die Erdachse nach beiden Seiten verlängert, so trifft sie das kugelförmig gedachte Himmelsgewölbe in den Himmelspolen, um die sich scheinbar der Sternenhimmel in 24 Std dreht. (Der nördliche Himmelspol ist durch einen heute nahe bei ihm stehenden helleren Stern, den Polarstern, gekennzeichnet.) Verlängert man die Äquatorebene der Erde, so schneidet sie das Himmelsgewölbe in dem Himmelsäquator. Man nennt nun den Abstand eines Gestirns von diesem Großkreis die Deklination des Gestirns. Einem irdischen Ort nördlicher oder südlicher geographischer Breite entspricht daher bei der Festlegung eines Gestirnsortes an der Sphäre sein nördlicher oder südlicher Abstand vom Himmelsäquator, d. h. seine positive oder negative Deklination.

Bei früheren Einzelarbeiten ging man zumeist immer davon aus, die Richtigkeit einer etwa auf einen bestimmten Sonnenstand vermuteten Ortung dadurch zu testen, daß man das wahre Azimut berechnete und es dann mit dem eingemessenen Azimut verglich.

---

[1] Da die Grundbedeutung des Wortes orientieren auf den „Osten ermitteln und dadurch sich zurechtfinden" zurückgeht, hat sich besonders im Funk- und Flugwesen für die Ortsbestimmung nach Richtpunkten der Begriff „Ortung" oder „orten" eingebürgert. Er wurde auch von den Astronomen übernommen.

Heute ist man dazu übergegangen, sozusagen den umgekehrten Weg zu gehen, indem man die Deklination des betreffenden Gestirns zum Ausgangspunkt der Betrachtung wählt. Die Methode ist bequemer, nützlicher und weit übersichtlicher. Zur Berechnung der für alle Betrachtungen wichtigen Deklination von Sonne, Mond oder Sternen müssen folgende Bestimmungsstücke vorliegen:

a) Die vermessene Richtung, also das Azimut A der Visieranlage.

b) Die geographische Breite φ des Beobachtungsortes.

c) Die Höhe h des Horizontes in Richtung der Visur; letztere muß noch auf die Strahlenbrechung verbessert werden.

Beim Mond ist noch die Horizontalparallaxe[2] und bei den Sternen der Verlöschungspunkt (s. S. 130) in Rechnung zu stellen.

3. Das Horizontprofil. Nur in seltenen Fällen haben wir es mit einem ebenen Horizont zu tun, vielmehr gehen oft die Gestirne hinter Bergen oder Höhenzügen unter. In der Abb. 6 haben wir z. B. angedeutet, daß die Sonne im Mittsommeraufgang hinter einer Bergerhöhung aufgeht. Sie erscheint, da sie von Nord nach Osten wandert, daher später als bei ebenem Horizont, und ihr Azimut vergrößert sich in Abhängigkeit von der jeweiligen wahren Höhe des Himmelsrandes.

4. Die Strahlenbrechung (Refraktion) bewirkt in den horizontnahen dichteren Schichten unserer Atmosphäre eine Vergrößerung der Höhe h des beobachteten Gestirns. Das heißt mit anderen Worten: Sonne und Mond sind in Wirklichkeit noch unter dem Horizont, wenn wir sie bereits etwa aufgehen sehen. Die mittlere Strahlenbrechung, die man bei der Rechnung von der Höhe h abziehen muß, zeigt Tabelle 1 (s. S. 14).

Recht auffallend kann man die Wirkung der Strahlenbrechung bei Sonnenauf- oder -untergang feststellen. Wenn nämlich der untere Sonnenrand auf dem Horizont aufsitzt, wird er, wie es die Werte unserer Tabelle zeigen, um 0,6° gehoben. Beim oberen Sonnenrand (mittlerer Sonnendurchmesser = 0,53°) beträgt die Bre-

---

[2] Die Horizontalparallaxe ist der Winkel unter dem der Erdhalbmesser von einem Gestirn aus erscheint. Für den nächsten der Himmelskörper, den auf- oder untergehenden Mond, erreicht die Horizontalparallaxe mit nahezu 1° einen durchaus zu berücksichtigenden Wert. Die Horizontalparallaxe der Sonne, die nur rund 9 Bogensekunden beträgt, kann vernachlässigt werden.

chung dagegen nur etwa 0,5°. Der Unterschied von rund 0,1° ist immerhin gut ¹/₅ der Sonnenscheibe und tritt daher augenfällig in Erscheinung. Da die Seitenränder der Sonne im gleichen Maße von der Brechung betroffen werden, erscheint uns die Sonne im Auf- und Niedergang eiförmig. Auch die in der Abbildung erkennbare Asymmetrie der Verbindungslinien Mittsommer-Mittwinter (im mittleren Deutschland rund 2°) wird durch die Strahlenbrechung bewirkt.

Tabelle 1. *Zusammenhang zwischen der Höhe h und der Strahlenbrechung R*

Höhe h	Strahlenbrechung R
9,0°	0,1°
4,2	0,2
2,2	0,3
1,2	0,4
0,5	0,5
0	0,6

Die Rechendaten (Beispiel). Voraussetzung für die Berechnung des Azimutes A, das der Astronom etwa mit dem im Gelände ermittelten oder vermessenen Befund vergleichen will, sind die drei bekannten Bestimmungsstücke:
1. Die geographische Breite φ.
2. Die Deklination δ der Sonne, die vom Jahresdatum abhängt und geringfügige säkulare Änderungen aufweist.
3. Die Höhe h des Horizontes, die noch für die Strahlenbrechung zu verbessern ist (h_v).

Für den mathematisch bewanderten Leser sei eine einfache Formel für die Berechnung des Azimutes A mit einem Beispiel gegeben, sie lautet:

$$\cos A = \frac{\sin \delta}{\cos \varphi} - \operatorname{tg} \varphi \cdot \sin h_v.$$

Beispiel: Wie groß ist das Azimut A der in Odry im Mittsommer aufgehenden Sonne (Mittelpunkt)? Hierzu die Rechendaten:

Geogr. Breite $\varphi = +53,9$
Dekl. (heute) $\delta = +23,4$
vermessene Höhe $h = + 0,1$
$h_v = - 0,5$

Die Strahlenbrechung in der Höhe $h = 0,1°$ beträgt nach Tabelle 1 gleich 0,6°. h_v wird daher $= +0,1 - 0,6 = -0,5°$.

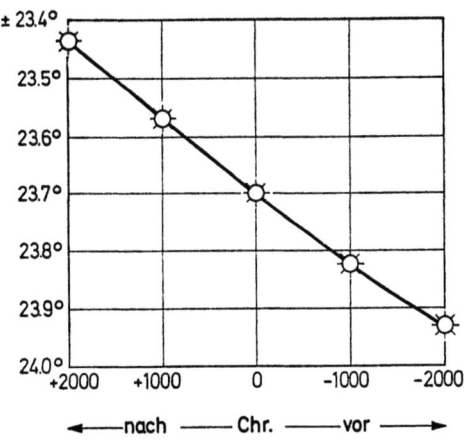

Abb. 7. Die Änderung der Sonnendeklination zur Zeit der Sommersonnenwende (+) und Wintersonnenwende (−)

Durchrechnung mit natürlichen Zahlenwerten der trigonometrischen Funktionen:

$$\sin \delta = 0{,}3971$$
$$\cos \varphi = 0{,}5892$$
$$\frac{\sin \delta}{\cos \varphi} = 0{,}6740 \quad (1)$$

$$\operatorname{tg} \varphi = 1{,}3714$$
$$\sin h_v = -0{,}0087$$
$$\operatorname{tg} \varphi \cdot \sin h_v = -0{,}0119 \quad (2)$$
$$\cos A = (1) - (2) = +0{,}6859,$$
$$\text{also} \quad A = 46{,}7°$$

Die säkulare Änderung der Deklination. Die Deklination ist bei Sonne und Mond im Laufe vieler Jahrhunderte allerdings nur geringfügigen Änderungen unterworfen. Bei den Sternen dagegen kann sich die Deklination schon in kürzeren Zeitabschnitten ändern. Wir haben in der Abb. 7 die Variation der Sonnendeklination in den Sonnenwenden (Solstitien) für den Zeitraum von −2000 bis +2000 dargestellt. In diesen 4000 Jahren beträgt, wie es das Diagramm zeigt, die Änderung der Deklination nur rund $1/2°$. Es sei noch bemerkt, daß die in der Abbildung eingetragenen Werte identisch mit der Schiefstellung der Erdachse gegen die Ebene der Erdbahn (Schiefe der Ekliptik) sind. Für die Änderung der Monddeklination gilt dasselbe, nur können sich diese gegenüber der Deklination der Sonne um bis zu ±5,15° unterscheiden. (Wir kommen darauf noch auf S. 17 näher zu sprechen.)

Rechenbeispiel. Welche Deklination δ hatte die an den Externsteinen im Sommersolstitium im Jahre 0 im Horizont aufgehende Sonne (Mittelpunkt)? Zur Berechnung dient uns die Formel:

$$\sin \delta = \cos \varphi \cdot \cos h_v \cdot \cos A + \sin \varphi \cdot \sin h_v.$$

Rechendaten: Geogr. Breite φ = 51,9°
Vermessenes Azimut A (s. S. 92) = 47,5
h_v (nach Tabelle 1, s. S. 14) = − 0,6

$\cos \varphi = +0,6170 \qquad \sin \varphi = +0,7869$
$\cos h_v = +0,9999 \qquad \sin h_v = -0,0105$
$\cos A = +0,6756$

$\cos \varphi \cdot \cos h_v \cdot \cos A = 0,4168$ (1)
$\sin \varphi \cdot \sin h_v = -0,0083$ (2)
$\sin \delta = (1) + (2) = 0,4085$; Dekl. $\delta = +24,1°$

Der Lauf des Mondes am Himmelsrand. Vom Erdbeobachter aus betrachtet, benötigt der Mond für einen Umlauf von Vollmond zu Vollmond rund 29½ Tage. (Lunation oder synodischer Monat = 29,53059 Tage). Jeder naturverbundene Beobachter weiß, was für ein unsteter Wanderer unser Erdbegleiter ist, den wir in unseren Breiten jährlich durchschnittlich 352 mal auf- oder untergehen sehen, wobei sich die Auf- und Untergangspunkte am Himmelsrand ständig verschieben. Doch von diesem wechselhaften Geschehen soll nicht die Rede sein. Was aber schon den ältesten Himmelskundigen auffiel, war die Tatsache, daß im rund 19jährigen Zyklus die Mondauf- und -niedergangspunkte (verglichen mit denen der Sonne) auffallende Weiten (Extreme) erreichten. Zuweilen folgt der Mond der Sonnenbahn, aber fast genau 9,3 Jahre früher oder später geht er dann etwa um die Zeit der Sommersonnenwenden um beachtliche Beträge rechts (südlich) oder links (nördlich) von der Zielrichtung zum Sonnenaufgangspunkt auf.

Der 18,6jährige Mondknotenumlauf. Der Grund für dieses wechselvolle Spiel soll durch die Abb. 8 erklärt werden: Die Mondbahn ist nämlich gegen die scheinbare Sonnenbahn, die in Wirklichkeit ein Abbild der Erdumkreisung am Himmel ist, um 5,15° mal nach der einen, mal nach der anderen Seite geneigt. Dabei führt der Pol der Mondbahnebene in 18,61 Jahren einen Umlauf um den Pol der Erdbahnebene aus. In Abb. 8 stellt die offene Ellipse die Ebene der Erdbahn dar, während die gegen sie geneigte Mondbahnebene schraffiert gezeichnet ist. Mond- und Erdbahnebene schneiden sich, wie man erkennt, in zwei Punkten, den sog.

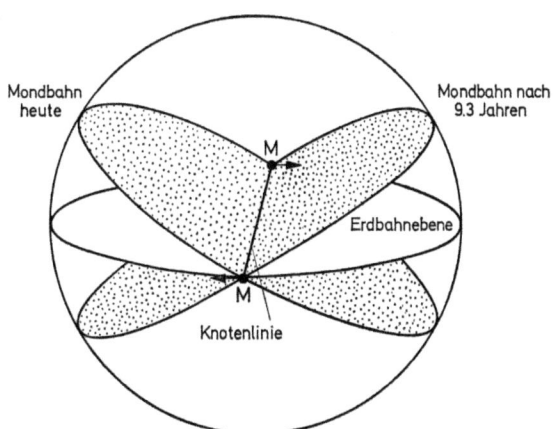

Abb. 8. Die Neigung der Mondbahnebene (punktiert) gegen die Erdbahnebene bleibt erhalten. Die Knotenlinie vollführt in der angegebenen Richtung in 18,61 Jahren einen vollständigen Umlauf. M = Mondbahnknoten

Mondknoten M, und man nennt die Verbindungslinie zwischen den beiden Knoten die Knotenlinie. Diese Knotenlinie vollführt nun in 18,6134 tropischen Jahren (bürgerliches Jahr von 365,2422 Tagen) einen vollständigen Umlauf im Sinne der in der Abbildung angegebenen Richtungen. Es kommt daher im 18,6jährigen Wechsel vor, daß der Mond mal eine um 5,15° größere, mal (9,3 Jahre später) eine um den gleichen Betrag kleinere Deklination aufweist als die Sonne. Die Sonne erreicht heute zur Zeit der Sommer- und Wintersonnenwende ihren größten (positiven) bzw. kleinsten (negativen) Abstand vom Himmelsäquator mit einer Deklination von $\pm 23{,}4°$. Die folgende Zusammenstellung soll uns zeigen, welche Extremwerte die Monddeklination heute und im Jahr 1800 v. Chr. erreicht:

$$\text{Größte (heute)} = \pm 23{,}45 \pm 5{,}15 = \pm 28{,}6°$$
$$\text{Größte } (-1800) = \pm 23{,}91 \pm 5{,}15 = \pm 29{,}1$$
$$\text{Kleinste (heute} = \pm 23{,}45 \mp 5{,}15 = \pm 18{,}3$$
$$\text{Kleinste } (-1800) = \pm 23{,}91 \mp 5{,}15 = \pm 18{,}8$$

Wenn bisher nur von den Extremwerten die Rede war, so soll nun mit der Abb. 9 der gesamte Verlauf der Monddeklination im

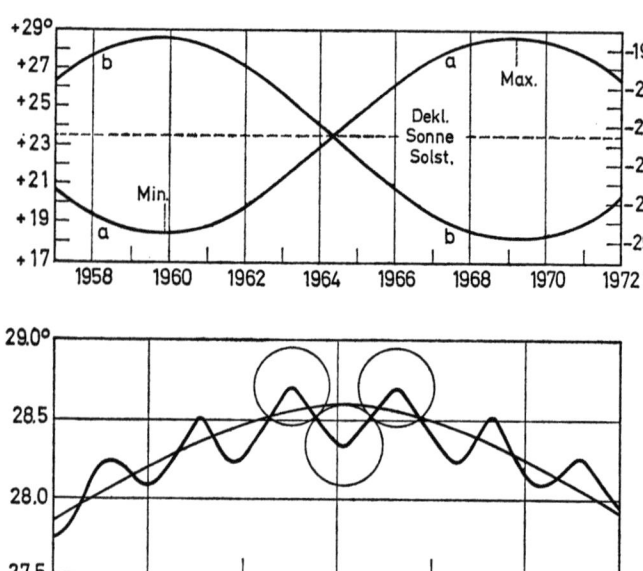

Abb. 9. Der mittlere Verlauf der Monddeklination im 18,6jährigen Zyklus (oben) und die dem mittleren Verlauf überlagerten Schwankungen (unten). Kreise gleich Größe der Mondscheibe

18,6jährigen Umlauf der Mondknoten aufgezeigt werden. Betrachten wir zunächst den Verlauf der Schleife *a*, zu der die linken (positiven) Ordinaten gehören, so erkennen wir, daß die Monddeklination etwa 1959,9 einen Tiefstwert von +18,3° erreichte. 9,3 Jahre später (um 1969,2) betrug dann die Deklination +28,6°, um bis Mitte 1978 wieder auf den minimalen Extremwert abzufallen. Man sollte meinen, daß diese Darstellung eigentlich genügt, um sich ein Bild von der Veränderung der Monddeklination im 18,6jährigen Wechsel zu machen. Es ist aber dennoch nötig, mit der Kurve *b*, für die die rechte Ordinatenskala gilt, das Vorstellungsbild zu ergänzen. Wenn nämlich etwa der Mond seine höchste Deklination mit $\delta = +28,6°$ (bei Max.) erreicht, beträgt rund 13½ Tage später oder früher seine Deklination $= -28,6°$, um wieder etwa 13½ Tage später auf den Höchstwert $\delta = +28,6°$ zu klettern. Diese Sprünge (hin und zurück im Mittel alle 27⅓ Tage) führen also zu der Spiegelschleife b.

Nun verläuft die Variation der Monddeklination keineswegs derart glatt, wie es die Kurven in der oberen Zeichnung unserer Abb. 9 zeigen. Es treten vielmehr kleine periodisch sich wiederholende Schwankungen auf, die allerdings so klein sind, daß sie im Maßstab des oberen Bildes nicht aufgezeigt werden konnten. Vergrößert man aber die Darstellung beträchtlich, wie dies als Ausschnitt für die Jahre 1967,5—1970,5 im unteren Teil der Abb. 9 geschehen ist, so kann man die erwähnten Schwankungen sehr wohl zur Darstellung bringen. Um sich von der Größe der sinusartigen „Schwingungen" eine Vorstellung zu machen, wurden maßstabgerecht an zwei Spitzen und der Senke Vollmondscheiben eingezeichnet.

Die Bewegungsverhältnisse des Mondes in bezug auf die scheinbare Sonnenbahn (Ekliptik) sind recht kompliziert, und wir können im Rahmen unserer Betrachtungen hier nicht näher darauf eingehen. Doch soviel sei erwähnt: Die uns in der Abb. 9 entgegentretende Wellenlänge der Oszillation hat Zusammenhang mit dem sog. 346,62tägigen Finsternisjahr. Die Sonne erreicht nämlich, nach Passieren eines Knotens der Mondbahn, denselben abermals nach 346,62 Tagen. Da sie beide Knoten durchläuft, kommt es alle 173,31 Jahre zu Knotendurchgängen. Dies ist die Periode der Schwingungen, die wir in der Abb. 9 unten eingezeichnet finden.

Die mittlere Monddeklination um das Maximum bleibt, wie wir erkennen, praktisch mehrere Monate hindurch unverändert. Man kann während dieses „Stillstandes" gut 2—3 Oszillationen leicht wahrnehmen, und sie heben sich besonders in höheren geographischen Breiten als kleine Sprünge des tief über dem Himmelsrand stehenden Mondes ab.

Beobachtung des Mondes im Extrem. Der Leser muß sich gewiß erst in die Verhältnisse hineindenken, doch wird die Vorstellung über die Mondbewegung erleichtert, wenn ich hier von eigenen Beobachtungen berichte: Von meinem Hausbalkon bei Brannenburg im Inntal, das hier zur Grenze nach Kufstein zu von Bergen eingeengt wird, zeigt der Mond alle 18,6 Jahre ein seltenes Schauspiel. Wenn nämlich jetzt (1970) der Mond seine südlichste Stellung mit einer Deklination von $-28,6°$ erreicht, erlebt man das auffallende Schauspiel, daß er langsam höher steigend immer wieder von verschiedenen Bergkuppen verschluckt wird. Ich habe eine schematische Skizze des Vorganges vom Tatort aus gezeichnet (Abb. 10), aus der wir erkennen, daß der Mond erst nach Passieren des Riesenkopfes etwa über der Doppelbergspitze seine höchste und doch recht bescheidene Höhe von 13,7° erreicht. Der tiefe hier skizzierte Mondlauf, bei dem es die Bergsilhouette leicht erlaubt, die erwähnten kleinen Sprünge zu beobachten, wiederholt sich in einer Folge von fast genau 27^1/$_3$ Tagen, theoretisch 13mal im Jahr, doch sind nur die Vor- bis Spätsommerfolgen gut sichtbar. Eindrucksvoll ist dabei besonders der Vollmondaufgang um die Zeit der Sommersonnenwende. Es dauert dann 9,3 Jahre, bis der Mond in seinem zweiten Extrem (Deklination = —18,3°) östlich vom Inntal aufgeht, um aber erst über dem Kranzhorn sichtbar zu werden.

Der Polarkreis des Mondes. Während in Oberbayern (φ = um 48°) die größte Mondhöhe im südlichen Extrem etwa 13^1/$_2$ Grad beträgt, ist in höheren Breiten der Nachtbogen des Mondes kürzer, und er steigt hier nur wenige Grade über den Horizont. Eine derartige tiefe Mondkulmination mit dem auffallend kurzen Laufbogen beiderseits des Südpunktes, bietet stets ein sehr eindrucksvolles Schauspiel. Spannend wird es dann in Breiten, sagen wir etwa zwischen Bergen und Drontheim oder im nördlichen Island. (φ = 61,4°, heutiger nördlicher Polarkreis des Mondes [3].) Hier sitzt dann, wie es die Abb. 11 zeigt, alle 19 Jahre der Mondmittelpunkt bei 1 nur kurz auf dem Himmelsrand auf. Doch schon rund 3 Tage später weist bei 2 der Mondbogen größere Weiten auf, und der nächtliche Wanderer ist dann bereits etwa 1^3/$_4$ Std lang sichtbar. Schließlich erreicht er rund 14 Tage später mit seiner höchsten nördlichen Deklination bei 3 eine Höhe von 57°. Es ist

---

[3] Der Polarkreis ist den Nordlandfahrern, die dort einmal die Mitternachtssonne erlebten, ein wohl vertrauter Begriff. Geographisch betrachtet bildet der nördliche Polarkreis mit einem Polabstand von 23,45°, was einer nördlichen geographischen Breite von 66,55° entspricht, die Grenze zwischen der arktischen und antarktischen Zone. Hier geht an 2 Tagen des Jahres (Sommer- und Wintersonnenwende) einmal die Sonne nicht unter und einmal nicht auf. Da die Mondbahn gegen die Erdbahn (scheinbare Sonnenbahn) um 5,15° geneigt ist, müssen wir den nördlichen Polarkreis des Mondes in einem Abstand von 23,45° + 5,15° = 28,6° vom Pol entfernt oder in der geographischen Breite = 61,4° suchen. Allerdings erreicht der Mond nur rund alle 19 Jahre diesen (extremen) Breitenkreis.

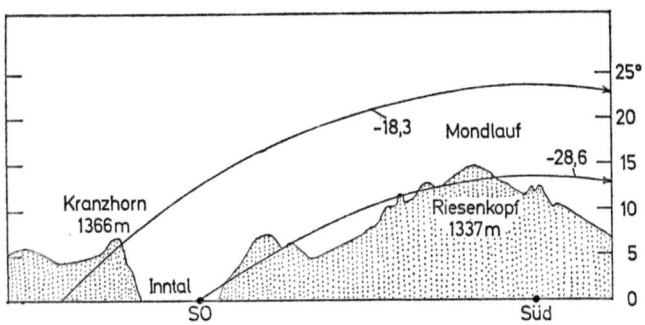

Abb. 10. Beobachtung des Mondlaufes in den bayerischen Alpen um die Mittsommerzeit 1969 (Deklination = $-28,6°$). Oben: Mondlauf rund 9 Jahre früher oder später. Die Berghöhen, rechts verzeichnet, wurden etwas überzeichnet

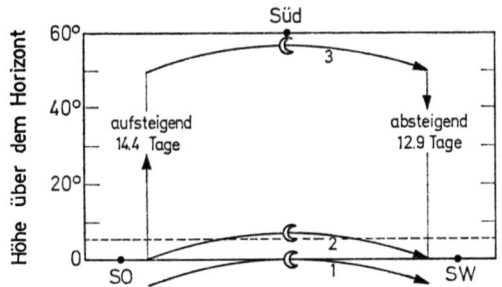

Abb. 11. Mondbahn am nördlichen Mondpolarkreis, geographische Breite $61,4°$ (heute)

verständlich, daß man in der Vorzeit diesen besonderen Monderscheinungen aufmerksam Beachtung schenkte.

Die Beobachtungsstätten von 50 aufgedeckten Mondortungen liegen mit ihrem Häufungswert bei $\varphi = 55,6°$. In dieser Breite kommt der Mond im Jahre 1800 v. Chr. nur auf eine Südhöhe von rund $5^{1}/_{2}°$, die wir in Abb. 11 durch die gestrichelte Linie angedeutet haben.

Im Kapitel VIII auf S. 115 ist vom Mond als Beobachtungsobjekt die Rede, wir werden dabei sozusagen aus der Praxis noch mancherlei über die Mondbewegung lernen und erfahren. Da nach neueren Untersuchungen die Himmelskundigen in Stonehenge dem Mond besondere Beachtung schenkten, möchte ich hier auch den Leser auf die Ausführungen über Stonehenge (s. S. 52) und den Abschnitt über Sonnen- und Mondfinsternisse (s. S. 60) verweisen.

III. Astronomische Ausrichtung — Der Sonnenkalender

Neue Erkenntnisse. Die himmelskundliche Ausrichtung von Steinkreisen oder georteter Linien, die etwa durch Pfeilerreihen markiert waren, ist schon seit Jahrzehnten Gegenstand der Untersuchung gewesen. Dabei fand Sir Norman Lockyer [26] eine große Anzahl von Steinsetzungen, die seiner Meinung nach auf hervorstechende Auf- oder Untergangspunkte der Sonne ausgerichtet waren. Admiral Somerville u. a. setzten im britischen Kulturkreis diese Untersuchungen fort [37]. Ich selbst habe dann 1936 eine zusammenfassende Arbeit über die himmelskundliche Ortung herausgegeben [27].

Im letzten Jahrzehnt hat nun die Erforschung von himmelskundlich ausgerichteten steinernen Kalenderanlagen, von Steinzirkeln oder Pfeilerreihen in England sehr große Fortschritte zu verzeichnen. Man schätzt, daß es auf dem Boden von Großbritannien und Irland viele Tausende solcher Richtanlagen gegeben hat. Der größte Teil ist allerdings leider zerstört, verschleppt, im Moor versunken oder von Planierraupen und Baggern eingeebnet. Von einigen Hundert noch erhaltenen sind z. T. mangelhafte, z. T. gutvermessene Pläne vorhanden. Der englische Forscher Professor A. Thom hat 450 Stellen vom Norden Schottlands bis zur Grafschaft Wales besucht, und wir verdanken ihm die gründliche astronomisch-mathematische Untersuchung von nahezu 300 Steinkreisen, Pfeilerreihen usw. In mehreren Arbeiten [39] sind die wertvollen Ergebnisse dieser Untersuchungen mitgeteilt. Schließlich hat Professor Thom in einer Buchmonographie „Megalithic sites in Britain", die über 100 Karten und Diagramme enthält, umfassend das ganze Material diskutiert.

Die Darstellung des astronomischen Richtungsbildes. Im britischen Kulturkreis wurden von Professor A. Thom 244 vorgeschichtliche Stätten vermessen, wobei für jede von ihnen ihre Orientierung oder Zielrichtung (also das Azimut) sowie die Horizonthöhe in Richtung der Visur bestimmt wurde. Aus Azimut und Horizonthöhe läßt sich, wie wir dies auf S. 13 beschrieben haben, die Deklination berechnen (s. a. das Rechenbeispiel auf S. 16). Das heißt mit anderen Worten: Statt etwa bei Steinreihen oder den Verbindungslinien zwischen Kreisen usw. deren Zielrichtung zum Horizont ins Auge zu fassen, kann man dieses Merkmal durch einfache Umrechnung durch die den Richtungen zukommende Deklination ausdrücken. Diese Art der Behandlung hat ihren großen Vorteil, weil alle sich von Ort zu Ort ändernden Ermittlungsdaten wie das Azimut, die geographische Breite, die Horizonthöhe und die nötigen Korrekturen auf Strahlenbrechung usw. durch ein einzelnes Bestimmungsstück, nämlich die Deklination veranschaulicht werden können.

Professor A. Thom [39] hat unter Benützung dieses Bestimmungsstückes ein Diagramm entworfen, bei dem sozusagen Punkt für Punkt jeder einzelnen Steinortung ihr Platz in der Deklinationsskala zukommt. Im Kapitel „Sterne als Richt- und Zeitweiser" ist dieses vollständige Deklinationsdiagramm, das ich als eine bedeutsame Entdeckung bezeichnen möchte, in der Abb. 70 wiedergegeben und ausführlich erläutert. In diesem Kapitel, das der Sonne gewidmet ist, möchte ich mit der Abb. 12 ein schematisches Bild des Thomschen Diagramms vorstellen. Die mehr oder minder stark ausgeprägten schwarzen Kurvenbuckel entsprechen — getrennt für Auf- und Untergang — den Fundstätten der ausgerichteten Steingehege, aufgezeichnet an den ihnen zukommenden Deklinationen. Wir kennen nun für jede Zeitepoche und für jeden Tag des Kalenderjahres die Deklinationen von Sonne und Mond und wollen durch Vergleich feststellen, ob und wieweit Häufigkeitsbuckel auf Sonne oder Mond bezogen werden können. Zu diesem Zweck sind unter den 3 Kurvenzügen bevorzugte Deklinationswerte von Mond und Sonne eingezeichnet. Da die Errichtung der Steinkreise, Steinreihen usw. etwa auf das frühe 2. Jahrtausend vor der Zeitwende zu datieren ist, wurde aus guten Gründen der Betrachtung die Zeitepoche 1800 v. Chr. zugrunde gelegt.

Betrachten wir das Bild im Einzelnen, so fällt uns auf, daß sich an verschiedenen Stellen längs der Deklinationsskala die Stellen vermesser Anlagen, die als schwarze Kurvenbuckel erscheinen, ausgesprochen häufen. Von diesen Anhäufungen wollen wir zu-

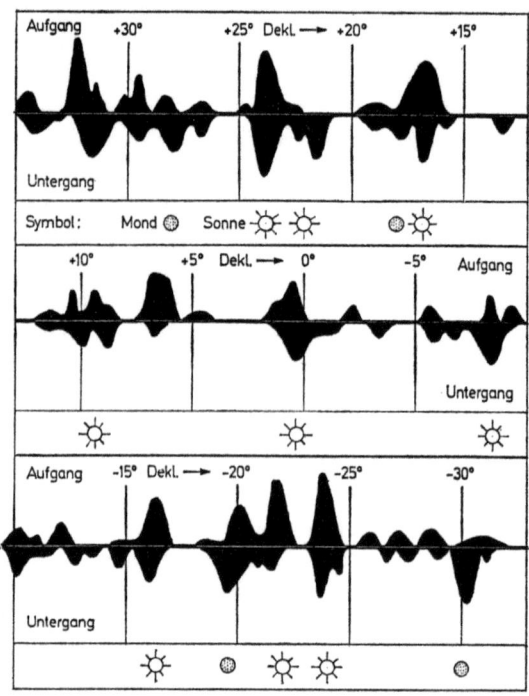

Abb. 12. Ein schematisches Bild von der Ausrichtung steinerner Anlagen. Die Darstellung der durch den Kurvenverlauf hervorgehobenen Fundorte verläuft längs der Deklinationsskala. (Nähere Erklärung im Text)

nächst einmal den Spitzen Beachtung schenken, die wir bei den Deklinationen um +24° und um —24° erkennen. Wenn wir uns dabei daran erinnern, daß in der Sommersonnenwende (um —1800) die Sonne eine Deklination von rund +24° hat und an Mittwinter diese etwa —24° beträgt, so spricht die hier auftretende Häufung von Ortungsanlagen für Sonnenwendbeobachtungen. Man kann, wie wir noch erfahren werden, übrigens für fast alle Fälle von hervorstehenden Kurvenhäufungen eine einleuchtende Erklärung finden. Hier sollen uns aber zunächst die Häufungen interessieren, die als Sonnen- oder Mondbeobachtungsstätten angesprochen werden können. Sie fallen nämlich, wie es die Symbole anzeigen, mit weiteren Sonnenortungen und mit den 4

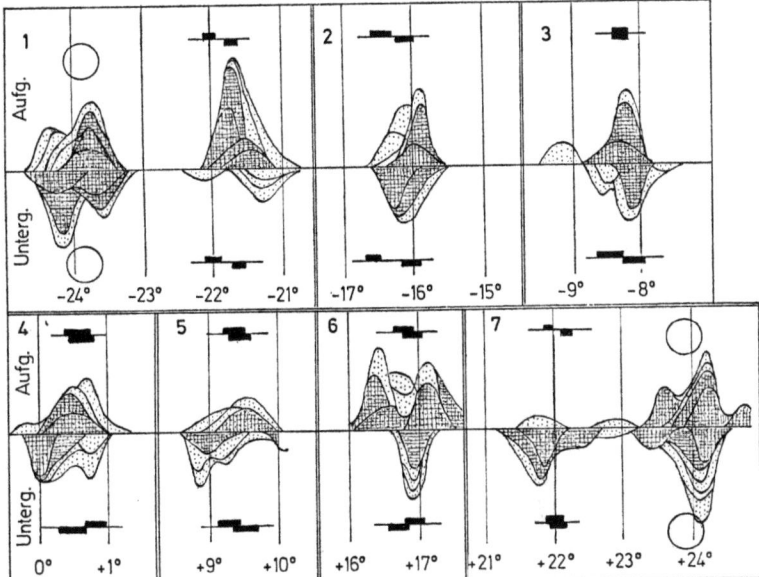

Abb. 13. Der Sonnenkalender des megalithischen Menschen. (Nach A. Thom)

Stellen (Deklinationen) zusammen, an denen der Mond während seiner 18,6jährigen Wanderung seine Extremwerte erreicht. (Von diesen dem Monde zugeschriebenen Richtlagen wird ausführlicher im Kapitel VIII, „Der Mond als Beobachtungsobjekt", noch die Rede sein.)

Die Sonnenvisuren. Was aber hat es mit den 9 in der Abb. 12 erscheinenden Häufigkeitsstellen auf sich, die, wie es die Symbole zeigen, als Sonnenvisuren angesprochen sind? Um sie zu erklären, wollen wir sie einzeln genauer unter die Lupe nehmen. Bei dieser vergrößerten Darstellung (Abb. 13) ist aufgrund der Gütebeurteilung für jede Ortungsanlage eine sog. Fehlerverteilungskurve gezeichnet worden. Sie beruht auf folgender Güteskala: Güte 1 = steile, spitze Kurven; Güte 2 = mittelsteiler Verlauf und Güte 3 = flach verlaufende Kurven. Sehr sicher definierte Richtvisuren sind schraffiert hervorgehoben, alle weniger genauen wurden fortgelassen.

Betrachten wir zunächst die Vermessungsbefunde um die Solstitien, also die Winter- und Sommersonnenwende. Wir finden sie in der Abb. 13 bei den Bildern 1 und 7, wo sich um die Deklinationen —24° und +24° die Steinsetzungen auffallend zusammendrängen. Bei diesen beiden Bildern ist die Stellung der Sonne um das Jahr —1800 durch Kreise angezeigt, deren Durchmesser so gewählt wurde, daß er die Deklinationsänderungen einer gerade aufgehenden und einer ganz aufgegangenen Sonne abgrenzt. Der Kurvenverlauf in den Sonnenwenden läßt mit seinen Doppelkuppen erkennen, daß man sowohl den Oberrand wie auch den Unterrand der auf- oder untergehenden Sonne beobachtete. Das ist eine interessante Feststellung, zeigt sie uns doch, welche Genauigkeit der Auswertung des Beobachtungsmaterials zugrunde liegt.

Wenn die Sonne im Wintersolstitium ihren tiefsten Stand mit einer Deklination von rund —24° erreichte, nähert sie sich danach von Süden her wieder dem Himmelsäquator. Ihre Deklination, die ja vom Himmelsäquator aus gerechnet wird, wird dann kleiner. Ähnliches gilt für den Sonnenstand zur Zeit der Sommersonnenwende. Hier wandert die Sonne nach Erreichen ihres Höchststandes von Norden her auf den Himmelsäquator zu. Verfolgen wir diese Wanderung auf den Bildern 1 und 7, so fällt uns sogleich die Anhäufung von Steinsetzungen auf, die etwa bei einer Sonnendeklination von —22° und +22° liegen. Viermal im Jahr erreicht die Sonne zwischen den Wenden hin- und herpendelnd diese Stellungen und zwar 23 Tage vor oder nach den beiden Zeitpunkten Sonnenwende. Wieder 23 Tage früher oder später hat die Sonnendeklination auf rund —16° bzw. +16° abgenommen, und auch hier finden wir, wie es das Bild 2 bzw. 6 der Abb. 13 zeigt, eine enge Massierung von Steindenkmälern. So geht es fort: Zwischen Bild 2 und 3 oder Bild 6 und 5 liegt weiterhin ein Zeitintervall von rund 23 Tagen. Schließlich steht die Sonne mit einer Deklination von 0° im Himmelsäquator (Bild 4); die Halbzeit des Jahres, das Äquinoktium (Tag- und Nachtgleiche) ist erreicht.

Von der Genauigkeit und der Teilung des Jahres. Wie steht es nun mit der Genauigkeit der verschiedenen Sonnenstationen? Um diese Frage zu beantworten, müssen wir davon ausgehen, daß das Jahr nicht genau 365, sondern rund 365¼ Tage zählt. Dies hat zur Folge, daß der Sonnenlauf zwischen den Wenden im Laufe von 4 Jahren (unsere Schaltjahrperiode) gewisse, wenn auch geringfügige Schwankungen aufweist. Wir haben diesen ungleichen Lauf, und zwar getrennt für Auf- und Untergänge, bei den verschiedenen Stellen der Sonnenortung in der Abb. 13 durch schwarze Balken gekennzeichnet. Die oberen beziehen sich auf den Sonnenlauf vom Wintersolstitium über die Frühlingstag- und -nachtgleiche. Die unteren entsprechen dem dann zurückpendelnden Lauf der Sonne über das Herbstäquinoktium zum Wintersonnenwendpunkt. Wenn man sich die Größe des 1°-Maßstabes der Abb. 13 vor Augen hält, so erkennt man, daß die Häufungskurven der vermessenen Ortungslinien befriedigend genau im Bereich der möglichen Schwankungsbreiten liegen.

Eine überraschende Genauigkeit zeigen die Beobachtungen, die man zur Zeit der Tag- und Nachtgleichen (Äquinoktien) anstellte (Bild 4). Hier mag zunächst die Tatsache befremden, daß der „Schwerpunkt" der Kurvenzüge nicht bei der Deklination 0°, sondern rechts verschoben bei etwa +0,5° abgelesen werden kann. Das ist ein recht interessanter Befund. Das Jahr wird nämlich nicht zur Zeit der astronomisch definierten Äquinoktien (Dekl. = 0°) in zwei gleiche Hälften geteilt, sondern dann, wenn die Sonne (um —1800) eine Deklination von rund $+1/2°$ hat. Die im Bild 4 der Abb. 13 eingetragenen Visuren sprechen also völlig überzeugend davon, daß es den Beobachtern darum ging, ihre Ortungsanlagen auf jenen Punkt auszurichten, der das Jahr genau teilt. Das ist auch zu erwarten, weil der rein theoretische Begriff Äquinoktium (Sonne steht im Himmelsäquator) den naturverbundenen und beobachtenden Himmelskundigen der Steinzeit fern lag.

Der 16 Monate Kalender. Unsere Bildtafel mit ihren 7 Stationen zwischen den Sonnenwenden stellt den zu Papier gebrachten Sonnenkalender dar, den der Mensch der Steinzeit allerorts mit Hilfe steinerner Visieranlagen in Gebrauch hatte. Der Befund der Auswertung spricht dafür, daß das Jahr in 16 „Monate" geteilt war. Doch lassen wir zunächst einmal den Beobachtungsbefund außer acht und fragen uns, wie 16 Teile möglichst gleichmäßig im Jahr untergebracht werden können! A. Thom (l. c.) hat verschiedene Versuchsrechnungen ausgeführt. Danach fügt sich folgender Kalender am besten den in Abb. 13 aufgezeichneten Ortungen an:

Tabelle 2. *Der 16 Monate-Kalender der megalithischen Zeit mit den Sonnendeklinationen für Auf- und Untergang der Sonne*

Monatstage Anzahl	Annahme	genau	Dekl. Aufg.	Dekl. Unterg.
23	0	0	+0,61°	+0,81
23	23	22,96	9,32	9,53
23	46	45,93	16,72	16,91
23	69	68,91	21,91	22,03
23	92	Solstit.	23,91	23,91
23	115	114,91	22,15	22,05
23	138	137,93	16,89	16,70
22	160	159,96	9,45	9,23
22	182	182,00	+0,66	+0,45
22	204	204,03	−8,27	−8,45
23	227	227,07	16,45	16,55
23	250	250,09	22,01	22,07
23	273	Solstit.	23,91	23,91
23	296	296,10	21,70	21,64
23	319	319,08	16,11	16,01
23	342	342,04	−8,28	−8,09
23	365	365,00	+0,52	+0,72

Dieser aus fast 100 Sonnenortungen abgeleitete und geradezu vorbildliche Sonnenkalender umfaßt nach der rechnerischen Deutung 13 Monate zu 23 Tagen und 3 Monate zu 22 Tagen. Die Ausrichtung zu verschiedenen Kalenderstationen ist oftmals sehr genau. Bei den besonders ausgeprägten Visuranlagen wird man daher bald erkannt haben, daß das Sonnenjahr in Wirklichkeit nicht genau 365 Tage beträgt. Es ist anzunehmen, daß man zunächst längere Zeit hindurch die Visuren vorläufig abgesteckt hat, um sie dann, nach Anpassung an die Schwankungen, die im 4 Jahreszyklus auftreten, als endgültige Weiser in Stein zu errichten. Die Ergebnisse der Auswertung berechtigen uns jedenfalls zu der Annahme, daß die Gelehrten in megalithischer Zeit den Rundwert der Länge des tropischen Jahres von 365,25 Tagen kannten (wahrer Wert = 365,2422 Tage).

Das Beobachtungsbild des Sonnenkalenders. Bei der Deutung der vermessenen Sonnenwarten haben wir uns der Deklination der Sonne bedient. Dieser himmelskundliche Begriff hat sich besonders bei der statistischen Betrachtung zum Verständnis als sehr nützlich erwiesen. Dem Sonnenbeobachter — ob heute oder damals — liegt die astronomische Koordinate Deklination natürlich fern, jedenfalls vermag er mit ihr keine rechte Vorstellung zu verknüpfen.

Ich möchte daher mit der Abb. 14 den Sonnenkalender als Beobachtungsbild am Himmelsrand skizzieren. Dabei genügt es, nur

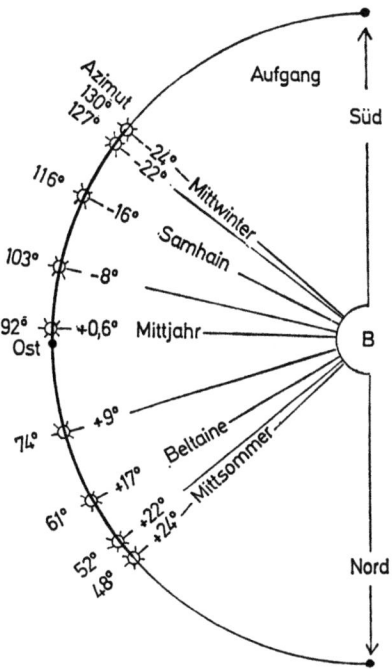

Abb. 14. Das Richtungsbild des 16 Monate Sonnenkalenders am Aufgangshorizont

die Aufgangserscheinungen ins Auge zu fassen, die Untergänge können wir uns leicht als Spiegelbild auf der Westseite vorstellen. Bei *B* müssen wir uns den nach Osten schauenden Beobachter denken. Das Richtungsbild ist nun so gezeichnet, daß es der Leser nach den Haupthimmelsrichtungen ausgerichtet vor sich legen sollte; dann hat er in dem Halbkreis die Begrenzung des Horizontes zwischen Nord- und Südpunkt vor sich. Der Beobachter sieht z. B. im Wintersolstitium die Sonne im Azimut 130°, also nicht fern vom Südpunkt aufgehen. (Die Zählung der Azimute beginnt im Nordpunkt des Himmelsrandes mit 0°. Der Ostpunkt hat ein Azimut von 90°, Süden liegt bei 180° und Westen schließlich bei 270°.) Die den Azimuten zugehörigen Sonnendeklinationen im Sonnenkalender für das Jahr —1800 findet man innen angegeben. (Bei dem Richtungsbild, das für die geographische Breite +52° gezeichnet wurde, sind alle Werte auf ganze Grade abgerundet.)

Auf dem dick hervorgehobenen Bogen bewegt sich der Sonnenaufgangspunkt — wenn wir etwa im Mittwinter beginnen — im Laufe eines Halbjahres über die 7 eingezeichneten Kalenderstationen, um im Sommersolstitium (Az. 48°) im Nordosten ihren Wendepunkt zu erreichen. Dann pendelt der Sonnenaufgangspunkt über die gleichen Kalendermarken zurück bis sich das Jahr vollendet.

Neben dem Mittjahr sind in der Abb. 14 noch 2 Kalenderdaten namentlich aufgeführt. Beltaine auch Bealtaim, oder Beltane ist der keltische Lichtgott. Ihm zu Ehren wurden in keltischen Zeiten Anfang Mai (Sonnendeklination = +17°) Feste veranstaltet, bei denen man Sonnenfeuer entfachte und dem Gott Opfer darbrachte. Das etwa ½ Jahr später liegende Sonnendatum beim Azimut 116° (Dekl. = —16°), das in unserem Kalender auf Anfang November fällt, nannte man Samhain.

Kalendermarken auf der Insel Sylt. Wenige Orte in Deutschland verfügen über ein so reiches Fundmaterial wie die Insel Sylt. Im Jahre 1770 zählte man noch rund 400 Grabhügel oder „Hünenbetten". Doch heute sind die meisten Zeugen alter Vergangenheit zerstört oder abgetragen; teils wurden sie eingeebnet oder fanden vielfach auch als Deich- oder Buhnenbauten Verwendung, ja selbst dem Bau der Sylter Kleinbahn mußten sie weichen!

Als ich im Jahre 1937 Sylt besuchte, waren noch rund 100 Grabhügel, Gräber, Malhügel usw. vorhanden. Ich habe 80 von diesen durch Einzelmessungen untereinander angeschlossen und ihre Richtlagen (Ortungen) bestimmt [30]. Das einzige noch guterhaltene Großsteingrab aus der jüngeren Steinzeit ist der Denghoog, es ist nach meiner Vermessung etwa Nord-Süd orientiert (vgl. Abb. 15). Vom Hügel, der sich heute etwa 4 Meter über diesem Ganggrab wölbt, hat man einen weiten Überblick über die Insel, und es bieten sich von hier aus dem Auge eine Anzahl von Grab- oder Malhügeln als auffallende Geländepunkte dar. Diese Kette von Ortungsmalen habe ich vom Denghoog aus vermessen und

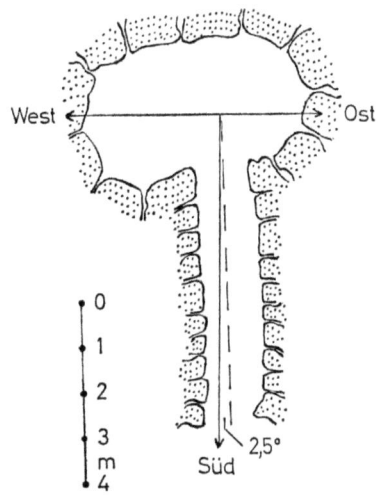

Abb. 15. Grundriß des Denghoog nach Wibel. Der Grabgang verläuft nach Süden mit einer Abweichung von etwa $2^1/_2°$

komme zu der Überzeugung, daß der Denghoog ehemals den Mittel- oder Ausgangspunkt einer Kalenderanlage bildete. Der Meßbefund, der mit der Abb. 16 dargestellt ist, spricht dafür, daß wir hier Spuren des vorhin erläuterten 23tägigen Monatskalenders vor uns haben. Das Bild zeigt uns zunächst, daß die Richtung Denghoog—Hügel 1 recht genau auf den Sommersonnenwendstand am Himmelsrand weist. Für das Jahr —1800 beträgt die Abweichung nur etwa $^1/_2°$. Die Richtung Denghoog—Hügel 11 ergibt mit einer Deklination von $+0,5°$ genau das Kalenderdatum Frühlings- oder Herbsttag- und nachtgleiche.

In der Abb. 16 sind jeweils die gemessenen Azimute und die entsprechenden Deklinationen für den Oberrand der Sonne angegeben. Mit vollen Kreisen sind alle Ortungen gezeichnet, die etwa den 23tägigen „Monaten" des Sonnenjahreskalenders entsprechen. Für Hügel, die als offene Kreise dargestellt wurden, finde ich keine Deutung. Man könnte die Richtungen 7 und 8 mit Sternortungen in Zusammenhang bringen, doch behagt mir diese Lösung nicht. Die schwarzen Halbkreise könnten Mondortungen sein, und zwar über Hügel 4 das kleinste Mondextrem (Dekl. $+18°$) und

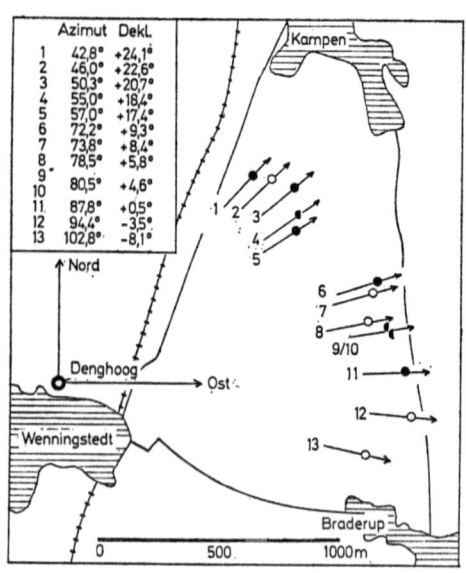

Abb. 16. Das Vermessungsbild der Grabhügel vom Ganggrab Denghoog auf der Insel Sylt

vielleicht (?) über Hügel 9 das sog. Mondäquinoktium. Die Mondortung scheint mir auf Sylt recht sicher bezeugt zu sein, ich komme auf diesen Befund noch auf S. 120 zu sprechen.

Eine besondere Sonnenvisur. Während der Zeit der Sonnenwenden verändert sich der Auf- oder Untergangsort der Sonne am Himmelsrand einige Tage lang kaum merklich. In unseren nördlichen Breiten jedenfalls erreicht diese Verschiebung der Auf- oder Untergangspunkte etwa 9—10 Tage vor oder nach der Wende nur die Breite einer Sonnenscheibe. Man kann also den wahren Zeitpunkt Sonnenwende — auch in Hinblick auf Schlechtwetterlagen — im allgemeinen nicht auf Anhieb mit der gewünschten Genauigkeit auf den Tag genau fixieren. Es gibt aber auch Fälle, wo die Ortung mit Visieranlagen, die zum Sonnenwendort ausgerichtet waren, größere Genauigkeit ermöglichte.

Ein Beispiel hierfür gibt die Steinsetzung von Ballochroy an der Westküste Schottlands ($\varphi = 55{,}7°$) ab, deren Pfeileranordnung in der Abb. 17 gezeigt wird. Die Steinpfeilerreihe weist in

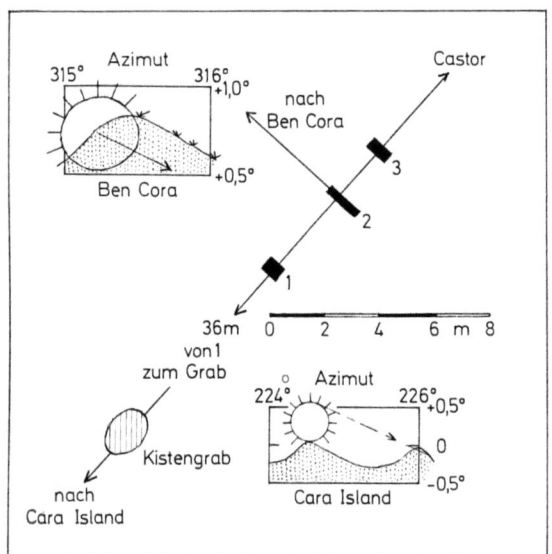

Abb. 17. Steinsetzung Ballachroy (Schottland) mit Ortung auf das Sommersolstitium (Ben Cora, Dekl. $+24{,}2°$) und das Wintersolstitium (Cara Island, Dekl. $-23{,}6°$). Sternortung auf Castor. (Nach A. Thom)

Richtung zum Kistengrab auf den Mittwinteruntergang der Sonne über Cara Island. Aus der Horizontvermessung (Nebenzeichnung unten) erkennt man, daß die Sonne im Wintersolstitium zunächst auf der linken Bergkuppe aufsitzt, um dann über der rechten Bergerhöhung rechts zu verschwinden. Beide Merkmale gestatten es, den wahren Richt- und Zeitpunkt mit großer Genauigkeit zu erfassen. Noch genauer gestaltet sich die Beobachtung der im Nordwesten untergehenden Mittsommersonne. Der flache und größte Stein 2 der Anlage ist genau auf die rund 39 km entfernte Bergkuppe Ben Cora auf der Insel Jura gerichtet. Über diesen Stein hinweg bietet sich dem Auge das in der oberen Nebenfigur aufgezeichnete Schauspiel dar. (Die Abplattung der tief stehenden Sonne ist dabei angedeutet.) Hier sieht der Beobachter (im Jahre -1800) die Sonne genau über dem Berggipfel untergehen. Doch kurze Zeit danach leuchtet ihr oberster Rand am flachen rechten Berghang immer wieder einmal kurz auf.

Professor Thom stellt sich das Beobachtungsverfahren so vor: Der Astronom oder Priester beobachtete zunächst von Stein 3 aus das Verschwinden des Oberrandes des Tagesgestirns über der Bergkuppe. Wenn die Sonne dann ab und zu am Abfall des Berges aufblitzte, ging er an der Steinpfeilerreihe entlang, und zwar so gemächlich, daß er immer noch den Oberrand bis zum endgültigen Verschwinden sehen konnte. Durch Vergleichen der Beobachtung „Sonne verschwunden" an einigen aufeinander folgenden Tagen war es möglich, die Wende auf den Tag genau zu bestimmen.

Während jedoch im allgemeinen die Festlegung des Zeitpunktes Sonnenwende in den Solstitien mehr oder weniger unsicher bleibt, ist dies bei den Tag- und Nachtgleichen nicht der Fall. Um diese Zeiten beträgt nämlich die tägliche Verschiebung des Sonnenauf- oder -untergangpunktes am Horizont rund $3/4°$, ein Betrag, der natürlich einem erfahrenen Beobachter nicht verborgen bleibt.

IV. Maß und Fläche in der Vorzeit

Wenn man groß angelegte Steinsetzungen besucht, wie etwa die Steinkreise von Odry oder das steinerne Monument von Stonehenge, so drängt sich einem die Frage auf, ob die Erbauer bei der Konstruktion ihrer Anlagen ein Einheitsmaß benutzt haben? Die ja so oft himmelskundlich ausgerichteten Steindenkmäler verraten ein ausgezeichnet meßtechnisches Können, und es ist daher nicht anzunehmen, daß man die oft tonnenschweren Steine ohne Sinn und Plan im Gelände verlegte.

Eine Elle gleich 83 cm. Zu den beachtenswertesten und interessantesten Ergebnissen gehört in A. Thoms Arbeiten [41] die Entdeckung, daß es in der Steinzeit ein im gesamten britischen Kulturkreis gültiges Einheitsmaß gegeben hat. Es war wohl überhaupt, wie wir noch zeigen werden, in dieser Zeitepoche in ganz Europa in Benutzung.

Thom nennt es das „Megalithische Yard" und weist mit Recht darauf hin, daß das Wort Yard ursprünglich eine Stange, d. h. einen Meßstock bedeutete. In diesem Sinne können wir es mit der deutschen Elle oder auch dem französischen Verge und der spanischen Vara vergleichen. Ich möchte Thoms Megalithisches Yard in diesem Buch „megalithische Elle" nennen. Thom fand aus der Vermessung von 145 Steinkreisen, deren Durchmesser höchstens um etwa ±25 cm fehlerhaft sein können, für die megalithische Elle den sehr genauen Wert von 0,829 m (2.72 engl. Fuß). Es ist interessant darauf hinzuweisen, daß die megalithische Elle vom mitteleuropäischen Raum bis zur Iberischen Halbinsel in Gebrauch war. In Spanien hat sie sich wohl am längsten erhalten und wurde auch zur Zeit der Konquista in die neue Welt Amerika überbracht. Für diese Behauptung führt A. Thom in seiner Monographie [39] folgende Quellen an:

Tabelle 3. *Längen der spanischen Vara*

Burgos	= 0,843 m
Madrid	= 0,836 m
Mexiko	= 0,838 m
Texas, Kalifornien	= 0,847 m
Peru	= 0,838 m
Mittel	= 0,840 m
Megalithische Elle	= 0,829 m

Diese auf 11 mm genaue Übereinstimmung der Mittelwerte der spanischen Vara mit der megalithischen Elle ist sehr bemerkenswert.

Die mathematische Behandlung. Die Frage nach Abmessung und Aufbau alter Kulturdenkmäler, in denen sich möglicherweise ein Einheitsmaß versteckt, ist Gegenstand vieler Untersuchungen gewesen. Zuweilen hat dabei die Phantasie üppige Blüten getrieben, wie etwa bei den Maßspekulationen um die Cheopspyramide. Aber auch sonst ist man bei der Suche nach einem Einheitsmaß nicht mit genügender Bedachtsamkeit vorgegangen, weil man sich zumeist nicht im klaren darüber war, wie mannigfaltig letzten Endes die Anzahl der möglichen Lösungen sein kann. Das Problem ist nur durch eine strenge mathematische Behandlung, die es vor allen Dingen erlaubt, das Ergebnis auf seinen Wahrscheinlichkeitswert hin zu überprüfen, zu lösen.

Der englische Mathematiker Broadbent hat neuerdings Spezialfälle für Wahrscheinlichkeitsbetrachtungen entwickelt, wobei zwei Aufgaben zur Diskussion standen [4]

1. Es wird vermutet, daß es etwa zwischen einer Reihe von Steindenkmälern, ihren Abständen oder den Durchmessern von Steinkreisen usw. ein Einheitsmaß gibt. Man hat dabei von der Größe dieses Maßes — vielleicht durch eine erste Untersuchung — bereits eine Vorstellung. Die mathematische Behandlung dieses Falles erlaubt es, eine solche Hypothese auf ihre Richtigkeit und vor allen Dingen auf ihre Wahrscheinlichkeit zu überprüfen.

Bei einem solchen Test mit dem Broadbentschen Kriterium ergab sich für die von A. Thom (l.c.) aus 145 Steinkreisdurchmessern abgeleiteten Werte der erstaunlich hohe Wahrscheinlichkeitswert von nur 0,001%. (Die Durchmesser der untersuchten Steinkreise lagen zwischen 3,3 und 57,4 m.)

2. Der 2. Fall des Broadbentschen Kriteriums für die Wahrscheinlichkeit ist weit komplizierter. Bei ihm ist es völlig offen, ob überhaupt ein Maß existiert. Die mathematische Lösung läuft dabei auf ein Roulette (Monte Carlo)-Problem hinaus. Es geht über den Rahmen unserer Betrachtung, auf die mathematische Behandlung bei beiden Fällen näher einzugehen. Der Gang der Rechnung und die Ableitung des Wahrscheinlichkeitstests ist in A. Thoms Monographie „Megalithic sites in Britain" mit Beispielen und Diagrammen dargelegt, erfordert allerdings mathematische Kenntnisse.

Die Steinsetzung Odry als Testfall. Aus den Untersuchungen im britischen Kulturkreis läßt sich klar erkennen, daß keinerlei Unterschiede zwischen der megalithischen Elle in Schottland (82 Fälle) und derjenigen in England und Wales (63 Fälle) bestanden. Es ist ein Raum, der über 8 Breitengrade umspannt, was einer Entfernung von gut 900 km gleichkommt. Thom selbst meint zu diesem Befund „Es muß damals ein Hauptsitz oder eine Zentrale bestanden haben, von dem aus Standardmaßstäbe ausgegeben wurden, doch können die Untersuchungen keinen Anhalt dafür geben, ob er auf der Insel oder auf dem Festland lag. Die Länge der Einheitsmaßstäbe kann sich zwischen Schottland und England kaum mehr als 0,03 Fuß (= knapp 1 cm) unterschieden haben." Die von Professor Thom wiedergegebenen Gedanken lenken die Aufmerksamkeit der Frage zu, ob auch im übrigen Europa das gleiche Einheitsmaß, dem man auch bei der Konstruktion von Steinkreisen aller Formen begegnet, in Gebrauch war? Dies ist zweifellos der Fall gewesen.

Diese Aussage stützt sich vornehmlich auf eine von mir durchgeführte rechnerische Überprüfung der großen Steinkreisanlage von Odry in der Tucheler Heide (ehemaliges Westpreußen), deren 10 Steinkreise Durchmesser zwischen 15—33 m aufweisen. P. Ste-

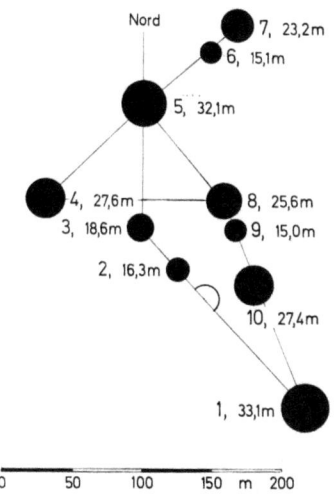

Abb. 18. Die Steinkreise in Odry, Numerierung und Durchmesser

phan [36] und der Autor dieses Buches [28] haben sich bereits mit der Vermessung der Steinkreise von Odry beschäftigt und auf die himmelskundliche Bedeutung der Anlage aufmerksam gemacht. Doch von den astronomischen Befunden soll erst später (s. S. 86) berichtet werden. Hier geht es zunächst um die Frage, ob die Maßzahlen des großen Steingeheges von Odry, dessen Anordnung die Abb. 18 zeigt, die Benutzung eines Einheitsmaßes erkennen lassen? P. Stephan (l.c.) vermutete, daß die Erbauer der Steinkreise ein Grundmaß von 4,62 m benutzt haben.

Die Aussage läßt sich mit Hilfe des erwähnten Broadbentschen Kriteriums überprüfen, und die von mir durchgeführte Testrechnung führte zu dem Ergebnis, daß ein Grundmaß von 4,62 m zwar möglich ist, aber den sehr wenig befriedigenden Wahrscheinlichkeitswert von nur 20% aufweist. Das ist natürlich statistisch betrachtet herzlich wenig. Wenn etwa die Wahrscheinlichkeit eines Eisenbahnunglücks 20% beträgt, wird sich wohl kaum jemand entschließen mit dem Zug zu fahren. Doch dieses Beispiel aus dem Leben braucht in Strenge nicht für unsere Problemstellung zu gelten. Man darf wohl ganz allgemein sagen, daß man erst dann aufhorchen sollte, wenn bei dem Test sich Wahrscheinlichkeitswerte von etwa 2—5% ergeben.

Auf der Suche nach dem Grundmaß. Bei den bisherigen Erörterungen wurde das von Stephan vorgeschlagene Grundmaß von 4,62 m behandelt, welches, wie gesagt, wenig überzeugenden Wahrscheinlichkeitswert besitzt. Es schien mir daher angebracht, bei der Suche nach einem möglichen Einheitsmaß, zunächst von keinen bestimmten Voraussetzungen auszugehen. Vielmehr habe ich unter Benutzung von 20 in Odry sich anbietenden Maßen (Kreisdurchmesser und Entfernungen zwischen den Kreisen) Testrechnungen durchgeführt. Bei diesen Rechnungen wurden probeweise die Zahlenwerte 0,7 m, 0,8 m, 0,9 m usw. bis 9,5 m einzeln rechnerisch behandelt und auf ihren Wahrscheinlichkeitswert überprüft. (Die Rechnung lief dabei auf die Ermittlung von zwei Unbekannten aus 1900 Gleichungen hinaus.)

Das Ergebnis dieser Überprüfung ist als Wahrscheinlichkeitsbild für den Bereich von 2,8—9,3 m in der Abb. 19 dargestellt. In diesem als statistische Übersicht zu betrachtenden Diagramm sind (als Ordinaten) rechts die Wahrscheinlichkeitswerte in Prozent zu finden. Vom fifty zu fifty-Strich an (50%) habe ich die miteinander verbundenen Einzelwerte durch Schraffierung hervorgehoben; die eingeschriebene Wortbeurteilung der Wahrscheinlichkeit soll überdies zum Verständnis beitragen. Der Pfeil in der Abb. 19 kennzeichnet das von P. Stephan vermutete Grundmaß.

Das recht interessante Resultat erscheint auf den ersten Blick entmutigend, treten uns doch hier eine Anzahl nahezu gleich wahrscheinlicher Lösungen entgegen. Im Bereich zwischen 3—7 m sind es die 4 ausgesprochenen „Spitzen" mit Wahrscheinlichkeitswerten um oder über 5%, was einer Wahrscheinlichkeit von etwa 1 : 20 entspricht. Dann folgt der große Block bei etwa 8—9 m, bei dem allen Werten zwischen 8,0 m—9,1 m die gleiche Wahrscheinlichkeit W von fast 1% also $W = 1$ zu 100 zukommt. Der bildlich aufgezeigte statistische Test bietet, wie schon gesagt, mancherlei Lösungen, und diese Tatsache möge jeden bei der Suche nach einem Grundmaß zur Vorsicht mahnen. Dennoch verrät uns die

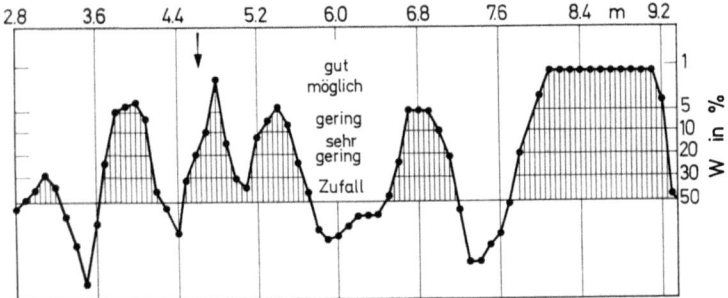

Abb. 19. Auf der Suche nach dem Einheitsmaß. Testrechnungen für Wahrscheinlichkeitswerte mit 20 Meßdaten in der Steinsetzung von Odry

Folge der Spitzen und Senken, die etwa sinusartig verlaufen, interessanten Aufschluß: Wenn man nämlich diese Folge mathematisch ausgleicht, dann findet man zwischen den Spitzen und Senken einen Abstand der 0,416 m ± 0,032 m beträgt. Das Doppelte, also die Wellenlänge der sinusartigen Schwankung, wird dann = 0,832 m.

Damit sind wir in 1. Näherung auf ein Maß gestoßen, das recht genau mit dem von A. Thom für den britischen Raum gefundenen Einheitsmaß, also der megalithischen Elle von 0,829 m, übereinstimmt.

Doch diese Näherung, die uns nichts über die Wahrscheinlichkeit aussagt, bedarf noch einer endgültigen Überprüfung. Zu diesem Zweck unterwarf ich 26 in Odry sich anbietende Maße, nämlich 10 Kreisdurchmesser und 16 Entfernungen zwischen den Kreisen einer rechnerischen Ausgleichung und einem Wahrscheinlichkeitstest [4]. Das Ergebnis möchte ich wieder durch ein Bilddiagramm vorstellen (Abb. 20): Dargestellt ist der Wahrscheinlichkeitstest für Grundmaße, die zwischen 0,820 und 0,835 m lagen. Die Steilheit der Kurve spricht für die innere Sicherheit der Überprüfung, denn man beachte, daß Werte bei etwa 0,823 m oder 0,830 m mit 50%

---

[4] An und für sich sind zwischen n Punkten (in Odry $n = 10$ Steinkreise) $\dfrac{n(n-1)}{2}$, also 45 Verbindungen möglich. Doch gilt dies insofern nur theoretisch, weil, wie es ein Blick auf die Abb. 18 zeigt, die Kreise in Odry sich auf bestimmte Hauptrichtungen verteilen.

Wahrscheinlichkeit bereits als Zufallstreffer zu bezeichnen sind. Aus dem Spitzenwert, dem der als überaus sicher zu bezeichnende Wahrscheinlichkeitswert von 0,5% zukommt, was einer Wahr-

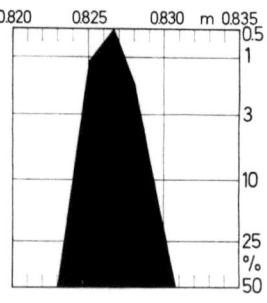

Abb. 20. Das durch 26 Meßwerte in der Anlage von Odry errechnete Einheitsmaß in Wahrscheinlichkeitsdarstellung

scheinlichkeit von 1 : 200 entspricht, lesen wir für das endgültig in Odry ermittelte Einheitsmaß (megalithische Elle) den Wert von 0,827 m ($\pm$ 0,035 m) ab.

Bei der Zusammenstellung der umfangreichen Rechnungen ergibt sich folgende Gegenüberstellung:

Tabelle 4. *Europäische Werte der megalithischen Elle*

Steinkreise von Odry, 1. Näherung	= 0,832 m
Steinkreise von Odry, Testrechnung	= 0,827 m
A. Thom, Großbritannien	= 0,829 m

Obwohl im Fall Odry (mit nur 26 Werten) die 3. Stelle nach dem Komma (mm) nur als Rechengröße betrachtet werden sollte, darf man die Übereinstimmung als ganz hervorragend bezeichnen. Ich bin auch im „Steintanz" von Boitin (Mecklenburg) der megalithischen Elle auf die Spur gekommen; man findet die Behandlung dieses Falles auf S. 48.

V. Die Konstruktion der Steinkreise

Statistische Erkenntnisse. Die Zahl der Steinkreise, die in der mittleren Steinzeit in ganz Europa errichtet wurden und die ebenso wie die Steinpfeilerreihen vielfach himmelskundlich ausgerichtet waren, ging ehemals in viele Tausende. Heute, also fast 4000 Jahre später, lassen sich nur noch einige Hunderte nachweisen. Zwar findet man in älteren Schriften und „Heimatblättern" noch etliche Angaben über Steinkreise, doch sind sie heute leider zumeist verschollen. Sie sind im Ried oder Moor untergegangen, sie wurden systematisch vernichtet, oder die Steine wurden als Baumaterial verschleppt und zersprengt.

Man begegnet dem Namen Steintanz, auch Hünentanz, Danzenstein, Adamstanz oder Jungfrudanz in ganz Europa. Vielleicht geht er auf volkstümliche Namensgebung zurück, weil der Ring der Steine mit der Aufstellung der zum Reigen angetretenen Tänzer Ähnlichkeit hatte? Da das Tanzen an den Steinen recht oft erwähnt wird, mag der Brauch auf alte kultische Sitte zurückgehen.

Das Verbreitungsgebiet der Steinkreise zeigt Schwerpunkte in Großbritannien und auch in Ostdeutschland. Von rund 200 vermessenen Steinringen überwiegen die kleineren. Die von A. Thom [39] angeführte Liste, die ich noch ergänzt habe, zeigt folgende Zusammenhänge:

Tabelle 5. *Größenverhältnisse der Steinkreise*

Durchmesser m	Anzahl
3,5—15,1	99
15,2—30,5	73
31 —46	23
größer als 50	3

Ein Zusammenhang zwischen der Größe der Steine und ihrem Durchmesser ist nicht ausgeprägt zu erkennen. Dagegen heben sich Richtungssteine, die himmelskundlich geortet sind, oder als „Auslegersteine und Doppelsteine" (Visuren) gesetzt wurden, öfters durch ihre Größe betont hervor.

Form und geometrische Konstruktion. In den letzten Jahren haben sich durch neuere Untersuchungen viele interessante Resultate ergeben, die zunächst nicht nur zur Entdeckung des Einheitsmaßes führten, sondern auch die Methoden erkennen lassen, von

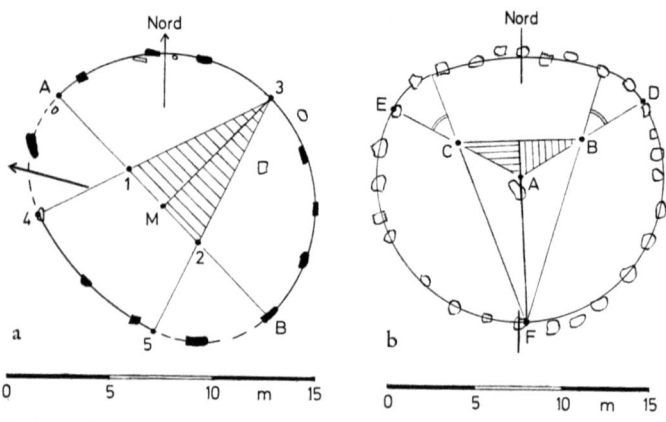

Abb. 21. a Steinkreis vo Bar Brook (mittl. England); b Cambret Moor Circle (nördl. Schottland). (Nach A. Thom)

denen die Erbauer der Steinringe ausgingen. Neben den nahezu völlig kreisförmigen Ringen lassen sich deutlich 3 weitere Bauausführungen erkennen: abgeflachte, eiförmige und elliptische Konstruktionen. Der Aufbau dieser gar nicht so selten vorkommenden nicht kreisförmigen Steinsetzungen verrät erstaunliche geometrische Kenntnisse. Die Bauherren bedienten sich dabei als Grundriß gleichseitiger oder pythagoreischer Dreiecke. Wir können uns heute dank der gründlichen Untersuchungen von A. Thom ein sehr klares Bild davon machen, wie die so oft formschöne Bauweise der nicht kreisförmigen Steinsetzungen von den Menschen der Vorzeit ausgeführt wurde [40].

Die Flachkreise. Betrachten wir zunächst die Flachkreise, von denen etwa 40 bekannt sind. In der Abb. 21 a und b zeigen wir zwei Typen von Flachkreisen, zu deren Entwurf nur Meßstock und Faden benötigt wurden. Beim Kreis von Bar Brook (Abb. 21 a) ging man offensichtlich von dem Planungsgedanken aus, über der Strecke *AB* als größten Durchmesser der Steinsetzung einen einfachen Flachkreis zu errichten. Zu diesem Zweck teilte man die Grundstrecke *AB* in 3 gleiche Teile und erhielt somit die Hilfspunkte 1 und 2, die vermutlich mit hölzernen „Meßstangen" ausgepflockt wurden. Vom Mittelpunkt *M* der Grundstrecke wurde mit der Schnur der Halbkreis *A* 3 *B* auf dem Boden markiert. Nun galt es von dem Hilfspunkt 3 aus, der leicht durch die gleichseitigen (schraffierten) Dreiecke ermittelt wurde, über 1 und 2 hinaus Richtungen auszupeilen. Sie ergaben die Lage der Hilfspunkte 4 und 5, wobei die Entfernung von 1 nach 4 bzw. von 2 nach 5 gleich $1/3$ der Basisstrecke, also gleich dem Abstand der Punkte 1 und 2 gewählt wurde. Der 2. Teil des Bauplanes galt der Vermarkung der kleinen Bögen A 4 bzw. B 5, die man mit der Schnur von 1 bzw. 2 schlug. Der letzte Kreisbogen zwischen 4 und 5 wurde schließlich von 3 aus gezeichnet. In die auf den Boden nun fertig markierte Flachform wurden dann die Steine gesetzt.

Wir haben es hier mit einer einfachen und doch erstaunliches geometrisches Können verratenden Konstruktion zu tun, für die es Dutzende von Beispielen gibt. Rund 41 m nordwestlich des Steinkreises liegt in Richtung des Pfeils ein sog. „Auslegerstein", der von M aus möglicherweise den Untergang des Sternes Spica anzeigen sollte.

Ein anderes Beispiel eines stärker abgeflachten Typs, der ebenfalls öfters anzutreffen ist, wird mit der Abb. 21 b vorgestellt. Die Konstruktion geht hier von den schraffiert gezeichneten rechtwinkligen Dreiecken aus. Die von A über C und B verlängerten Linien führen zur Festlegung der beiden Hilfspunkte E und D, wobei die Entfernung $BD = AB$ und entsprechend $CE = CA$ gewählt wurde. Die Kreisbögen zeichnete man nun in 3 Schritten ins Gelände. Über A als Mittelpunkt schlägt man mit dem Seil den großen Bogen EFD. Fluchtlinien über die Hilfspunkte C und B von F aus geben die Begrenzung für die doppelt gestrichelt angedeuteten Sektoren an, über denen von B und C als Mittelpunkte die kleinen Kreisbögen geschlagen und markiert wurden. Daran schließt sich der hier beiderseits der Nordrichtung liegende größte Bogen an, dessen Mittelpunkt bei F liegt.

Eiförmige Steinringe. Man trifft diese eigenartigen Formen seltener an. A. Thom führt für Großbritannien 10 an; mit 3 in Mecklenburg gefundenen sind also heute 13 bekannt. Ein eindrucksvolles Beispiel einer eiförmigen Anordnung bietet der innere Ring des „Druidentempels" bei Inverness am Moray Fjord (nördliches Schottland), dessen Vermessungsplan mit der Abb. 22 gezeigt wird. Heute läßt sich der Standort von 28 Steinen sehr genau bestimmen; 14 Steine, die zumeist verschleppt im Innern liegen,

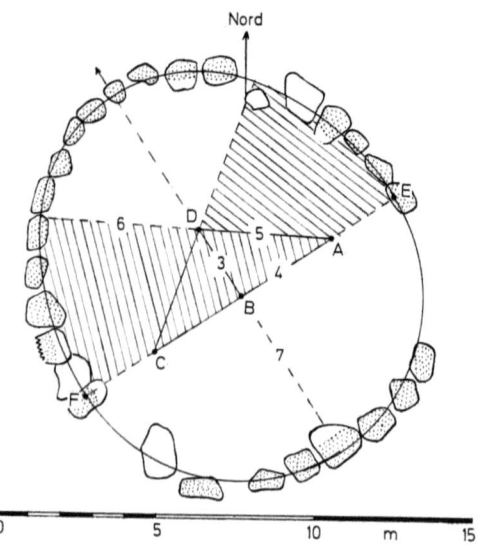

Abb. 22. Der innere Steinkreis des „Druidentempels" bei Inverness (nördl. Schottland). (Nach A. Thom)

sprechen dafür, daß der Ring ehemals Stein an Stein gesetzt war. Die Zahlen bei den Linien, die die Konstruktion des Steinwalles bestimmen, sind megalithische Ellen (1 ME = 0,829 m). Man hat hier also die Längen von 3—7 ME aber auch in Kombination zweier Seiten die Längen 8—11 ME benutzt.

Bei der Konstruktion ging man von den beiden gleichen rechtwinkligen (pythagoreischen) Dreiecken BDA und BDC aus. Die größte Achse der eiförmigen Anlage war zunächst durch die willkürlich verlängerte Linie BD gegeben. Um B als Mittelpunkt zeichnete man mit dem Halbmesser $3+4=7$ ME die Grundfläche des Eies als kreisförmigen Bogen mit der Begrenzung bei E und F auf den Boden. Daran schlossen sich die beiden Bögen, die man von den Punkten A und C über den schraffiert gezeichneten größeren gleichseitigen Dreiecken schlug. Die spitze Seite der eiförmig geplanten Steinsetzung bildete schließlich der Verbindungskreis, den man von D aus mit dem Radius 6 ME auf den Boden kratzte.

Pythagoreische Dreiecke. Das Erstaunliche bei dieser Konstruktion des Ringes im Druidentempel ist, daß uns hier ein ganzzahliges pythagoreisches Dreieck entgegentritt. Von der Schule her wissen wir ja noch, daß nach dem Lehrsatz, den man dem Pythagoras zuschreibt, im rechtwinkligen Dreieck die Summe der Flächeninhalte der Quadrate über den Katheten gleich dem Flächeninhalt des Quadrates über der Hypotenuse ist. Im Druidentempel haben wir es mit den Kathetenlängen 3 und 4 ME und der Hypotenusenlänge 5 ME zu tun. Da $3^2 + 4^2 = 5^2$ ist, stoßen wir hier auf das kleinste mögliche ganzzahlige pythagoreische Dreieck!

Wenn wir die Hypotenusenlänge auf 50 beschränken, gibt es bis zu dieser Grenze nur 7 wahre ganzzahlige pythagoreische Dreiecke. Nach den Untersuchungen von A. Thom (l.c.) wurden 3 von diesen — und bevorzugt das kleinste mögliche — von den Menschen der Neusteinzeit zur Basiskonstruktion benutzt. Man trifft aber auch auf eine stattliche Anzahl von Dreiecken, die in verblüffender Näherung als rechtwinklige pythagoreische Dreiecke angesprochen werden können.

Nach diesen Feststellungen könnte man sich zu der Aussage verleiten lassen, daß der Steinzeitmensch das Theorem des Pythagoras kannte. Ich glaube aber, eine solche Behauptung geht — weil es an Beweisen fehlt — doch zu weit. Denn es besteht ja schließlich ein Unterschied zwischen dem geometrischen Planbau mit rechtwinkligen Dreiecken und der mathematischen Aussage des Lehrsatzes. A. Thom ist der Meinung, daß der Mensch der Steinzeit vielleicht auf dem Wege war, den Sinn des Lehrsatzes zu verstehen. Auf alle Fälle ließ er sich jedenfalls nahezu besessen von dem Wunsch leiten, der Konstruktion seiner Steinmonumente möglichst viel rechtwinklige Dreiecke zugrunde zu legen. Dabei wurde offensichtlich großer Wert darauf gelegt, daß alle drei Seiten des Dreiecks ganzzahlige Vielfache des Urmaßes, d. h. der megalithischen Elle hatten. Man begegnet dabei auch Unterteilungen, so z. B. $1/2$ ME, $1/4$ ME und häufig auch $2^{1}/_{2}$ ME; doch fehlt eine Drittelteilung.

Die eiförmigen Steinkreise von Boitin. In Mecklenburg, im heutigen Bezirk Schwerin, befinden sich in den Buchenwäldern beim Ort Boitin 3 (4) guterhaltene Steinkreise, denen man auch himmelskundliche Bedeutung zugeschrieben hat. Sie sind Gegenstand mehrerer Untersuchungen gewesen, wobei man von der Vor-

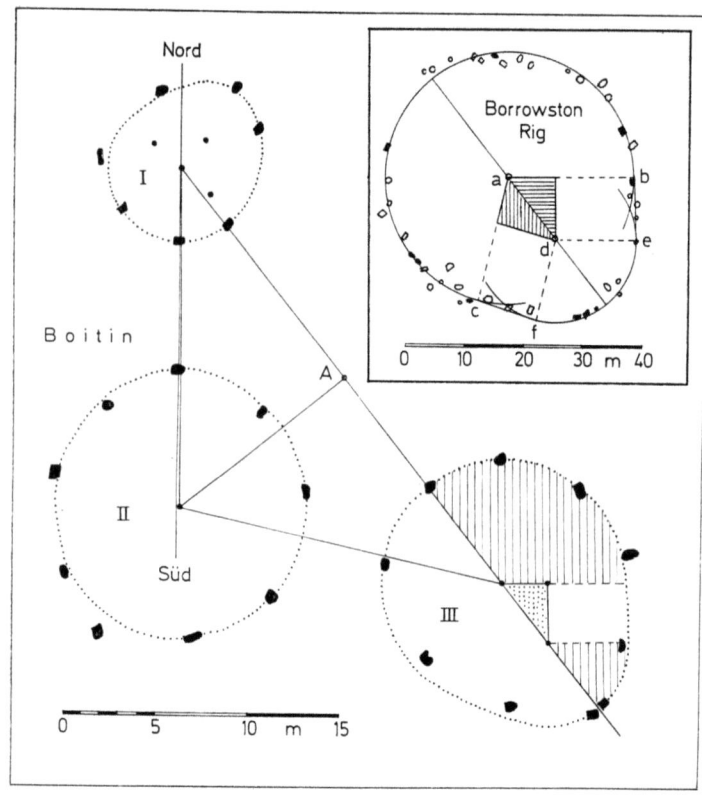

Abb. 23. Die Steinkreise von Boitin bei Güstrow in Mecklenburg. In der Nebenzeichnung (nach A. Thom) die schottische Steinsetzung Borrowston Rig und ihre Konstruktion

aussetzung ausging, daß es sich hier ursprünglich um kreisförmige Ringe handelte. Das ist jedoch keineswegs der Fall. Wenn wir uns den von Vermessungsrat P. Stephan erstellten Plan der Anlage vornehmen (Abb. 23), erkennt man sogleich, daß wir es hier mit eiförmigen Steinsetzungen zu tun haben. Offensichtlich hatte ursprünglich jeder Kreis 9 Steine, deren Höhen im Mittel 1,20 m betragen. Einige am Boden liegende Steine wurden im Jahre 1890 aufgestellt. Die Aufstellung scheint recht sorgfältig erfolgt zu sein, wie es ein Vergleich mit einem rund 150 Jahre alten Gemälde

Abb. 24. Zeitgenössisches Gemälde vom „Steintanz" bei Boitin (um 1830)

zeigt, das sich im Landesmuseum Schwerin befindet (Abb. 24). Wir dürfen daher mit Recht die von mir in der Abb. 23 vorgenommene Konstruktion der sich den Steinstellungen anpassenden Eier als den ursprünglichen Bauplan ansehen.

Auffallend ist die spitze Form des Kreises III; man trifft ähnliche Formen auch in Großbritannien an, wie den in der Nebenzeichnung abgebildeten Kreis von Borrowston Rig bei Edinburgh. Die hier mit Strick und Maßstab durchgeführte Konstruktion geht von den schraffiert gezeichneten pythagoreischen Dreiecken aus: Zunächst schlug man etwa vom Punkt a aus mit dem Strick den großen Bogen, der von b bis c reichte. Ein kleinerer Bogen mit dem Mittelpunkt bei d wurde, von e bis f reichend, auf dem Boden markiert, wobei man diese Hilfspunkte durch die gestrichelt gezeichneten zu ab bzw. ac parallel verlaufenden Linien fand. Der sich durch die gestrichelten Linien ergebende Zwischenraum wurde dann schließlich durch gerade Linien verbunden.

Eine ähnliche noch etwas spitzere Form zeigt der Kreis III in Boitin. Die von mir hier vorgenommene Konstruktion, die sich am besten der Steinsetzung anpaßt, ist nur für eine Hälfte in der

Abb. 23 angedeutet, da die andere symmetrisch dazu liegt. Das pythagoreische Dreieck ist punktiert gezeichnet, und die halben Kreissektoren wurden schraffiert. Beim Kreis I handelt es sich um ein typisches Ei. Die seiner Konstruktion zugrunde liegenden 4 Hilfspunkte sind als kleine Vollkreise vermerkt.

Kreis II ist nahezu kreisförmig, doch paßt sich auch hier ein fast kreisförmiges Ei der Aufstellung der Steinblöcke am besten an. Bei den verhältnismäßig wenig mit Steinen besetzten Kreisen mögen der Konstruktion, die ja auf das Auffinden der Grunddreiecke hinausläuft, gewisse Mängel anhaften.

Die Maßzahlen des Steintanzes. Die sich aus der rechnerischen Rekonstruktion ergebenden Maße sprechen dafür, daß ihnen die megalithische Elle (ME) zugrunde liegt. Es ist sicherlich kein Zufall, daß z. B. das Konstruktionsdreieck für die langgestreckte eiförmige Steinsetzung III mit den Maßen 3, 4 und 5 ME die Bedingung $3^2+4^2=5^2$ erfüllt. Auch die Maße des Dreiecks im Ei I sind bemerkenswert, seine Seitenlängen ergeben bei der ja völlig unvoreingenommenen Rekonstruktion die Maße 2,08 m, 2,09 m und 2,94 m. Das entspricht recht genau den Grundmaßen 5, 5 und 7 halben megalithischen Ellen und erfüllt somit nahezu die pythagoreische Gleichung $5^2+5^2=7^2$.

Auffallend ist die symmetrische Lage der Steinkreise zueinander, denn die Entfernungen von Kreis II zu Kreis I und III sind praktisch gleich, wobei überdies die Verbindung zwischen I und II fast genau in der Nord-Süd-Richtung liegt. (Abweichung in Richtung I nach II = 0,5° gegen Ost.) Die Lage der Kreise, und damit überhaupt der Ausgangspunkt der Anlage, wurde durch die beiden gleichgroßen rechtwinkligen Dreiecke bestimmt. Wir dürfen also den in der Abb. 23 mit A bezeichneten Punkt als den Ausgangspunkt bezeichnen. (Die Abweichung gegen einen rechten Winkel beträgt nur rund 0,7°.) Ich habe unter Benutzung der Maße der Dreiecke, der kleinen und großen Achsen der Eier und der Entfernungen von A zu den Kreisen einen Test berechnet (s. S. 36), der mit befriedigender Wahrscheinlichkeit meine Annahme bestätigt, daß auch im Boitiner Steintanz uns das Grundmaß der megalithischen Elle entgegentritt. Auf die himmelskundliche Orientierung komme ich noch auf S. 82 zu sprechen.

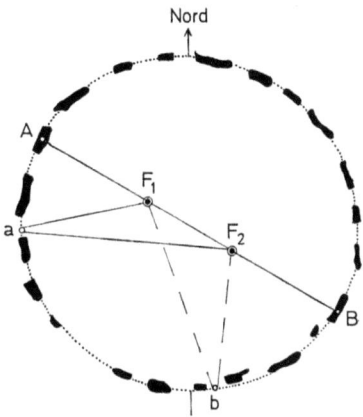

Abb. 25. Steinpfeilerellipse Postbridge (südl. England). (Nach A. Thom)

Ellipsen. Der Entwurf einer Ellipse ist einfach, es ist daher nicht verwunderlich, daß von den in Großbritannien untersuchten Steinringen 35 diese Form aufweisen. Mit der Abb. 25 wollen wir eine im südlichen England gelegene elliptische Steinsetzung zeigen und an Hand dieser Abbildung ihren Entwurf beschreiben. Als Gerüst steckte man zunächst Pfähle bei F_1 und F_2 fest in den Boden. Obwohl von diesen Hilfspunkten heute keine Spur mehr vorhanden ist, ergibt sich aus der Konstruktion, daß sie ehemals 3 megalithische Ellen (ME) voneinander entfernt lagen. (In der mathematischen Definition haben wir mit den Punkten F_1 und F_2 die Brennpunkte (Fokus) der Ellipse vor uns.) Die Abflachung der Ellipse wird durch den Abstand der Brennpunkte und die Länge der großen Achse AB bestimmt, die man hier gleich $10^{1/2}$ ME lang wählte. Zur Bodenmarkierung benötigt man dann nur einen Strick gleicher Länge, den man tunlichst an den Enden mit Ösen versah. Legt man nun die Ösenschlingen über die Pfähle bei F_1 und F_2 auf den Boden, so kann man mit einem Stock den straff gezogenen Strick rundherum gleiten lassen. Man erhält so die sauber gezeichneten Umrisse der Ellipse.

Eine bemerkenswerte Feststellung ergab sich, als A. Thom den Umfang verschiedener Steinellipsen und eiförmiger Kreise berechnete. Es zeigte sich nämlich, daß man anscheinend der Wahl des

Umfanges große Beachtung schenkte. Als Maßzahl für den Umfang wählte man stets Vielfache von 2¹/₂ ME. Das überraschende Ergebnis, das sich auf die Vermessung von 33 Steinsetzungen stützt, hat nach der Testrechnung großen Wahrscheinlichkeitswert und wird uns noch auf S. 73 beschäftigen.

VI. Berühmte Steindenkmäler

1. Stonehenge entziffert

Der Abschnitt über den steinernen Kalender von Stonehenge soll ausführlich behandelt werden, weil wir hier zunächst einmal ein klassisches Beispiel himmelskundlicher Ausrichtung vor uns haben und überdies in letzter Zeit durch gründliche Untersuchungen und Vermessungen eine Fülle interessanter neuer Erkenntnisse zu Tage getreten ist. Zu diesen neuen Studien gehört ein unter dem Titel „Stonehenge entziffert" herausgegebenes Buch von Dr. G. S. Hawkins, in dem „ein Astronom das größte Rätsel der alten Welt einer näheren Prüfung unterwirft". [14]

Stonehenge liegt im südlichen England in der Grafschaft Salisbury etwa 130 km westsüdwestlich von London (geographische Breite = +51,17°). Nach heutiger Auffassung lassen sich drei Bauperioden der Anlage erkennen. Abb. 26 zeigt die Anlage nach dem neuesten Stand der Ausgrabungen (1965). Sie besteht aus einer Wallumgürtung (mit einem außen liegenden Graben) von gut 100 m Durchmesser, die sich im Nordosten öffnet, um dann als von Wällen gebildete Kunststraße (Avenue) noch fast 500 m weit zu verlaufen. Ein Kreis von 56 Löchern bildet den Abschluß des inneren Walles. In diesem sog. Aubreykreis [5] liegen die „Stationssteine" 91—94 (zwei von ihnen auf künstlichen Hügeln), die ein gleichseitiges Viereck bilden. Der geometrische Mittelpunkt M des Viereckes liegt genau in Richtung der Kunststraße, in der neben den Steinen $A-E$ der sog. Heelstein seinen Platz hat. (Die Steine $F-H$ liegen auf dem östlichen Bogen des Aubreykreises.) Hiermit haben wir die erste Bauperiode (Stonehenge I) beschrieben, die

---

[5] John Aubrey war einer der ersten Archäologen Englands und verfertigte im Auftrag König Karls II. im Jahre 1663 einen Plan von Stonehenge.

vermutlich auf die vom Kontinent eingedrungenen Steinzeitmenschen um —1900 zurückgeht. Diese Anlage ist, wie wir noch erfahren werden, astronomisch die bedeutsamste.

Um —1750 nahmen die nach England sich ausbreitenden Glokkenbecherleute Besitz von Stonehenge. Sie erweiterten die Nordost-Öffnung und setzten um den Mittelpunkt M den Blausteinkreis (Stonehenge II). Mit Einzug der Bronzezeit in England (um —1600) begann dann der wuchtige Hauptbau mit den 5 megalithischen Trilithen und dem aus 30 Steinblöcken bestehenden Sarsenkreis (Stonehenge III).

Es ist nicht unsere Aufgabe, auf die Geschichte der Grabungen hier näher einzugehen, und wir verweisen auf die neuere Literatur [1].

Bereits 1740 wurde darauf hingewiesen, daß die nach Nordost verlaufende Hauptachse von Stonehenge auf den Sonnenaufgangspunkt am längsten Tage zeigt. Diese Behauptung sollte von entscheidender Bedeutung für die sich nun anbahnenden Meinungen über die himmelskundliche Ausrichtung des Sonnentempels Stonehenge werden. Im Jahre 1906 erfolgte die erste auf astronomisch-geodätischen Messungen beruhende Beschreibung der Anlage durch den angesehenen englischen Astrophysiker Sir Norman Lockyer [26].

Lockyers Untersuchungen ergaben als wichtigstes astronomisches Ergebnis (s. Abb. 26): „Die Linie vom Mittelpunkt M, der auf der Achse des aus 5 Trilithen bestehenden ‚Hufeisens' liegt, weist genau auf den Horizontpunkt, wo am Tage der Sommersonnenwende die Sonne sich mit ihrem oberen Rand erhebt." Der Befund Lockyers erregte Aufsehen und machte Stonehenge zu einem berühmten Ausflugsziel; heute wallfahren am 21. Juni zahlreiche Touristen nach Stonehenge, um das herrliche Schauspiel zu erleben, wenn am Sonnenwendtag die ersten Strahlen der aufgehenden Sonne das Heiligtum erleuchten (s. Abb. 27).

Neuere Ergebnisse. Durch die um die Jahre 1963—1965 erfolgten Grabungen ergab sich die Möglichkeit, nicht nur die archäologischen Befunde zu datieren, sondern auch einen genauen Vermessungsplan zu erstellen. Dieses Material benutzte der amerikanische Astronom Hawkins (l.c.), der nun in Stonehenge eine wohl durchdachte astronomische Ortungsanlage sieht. Die neu ent-

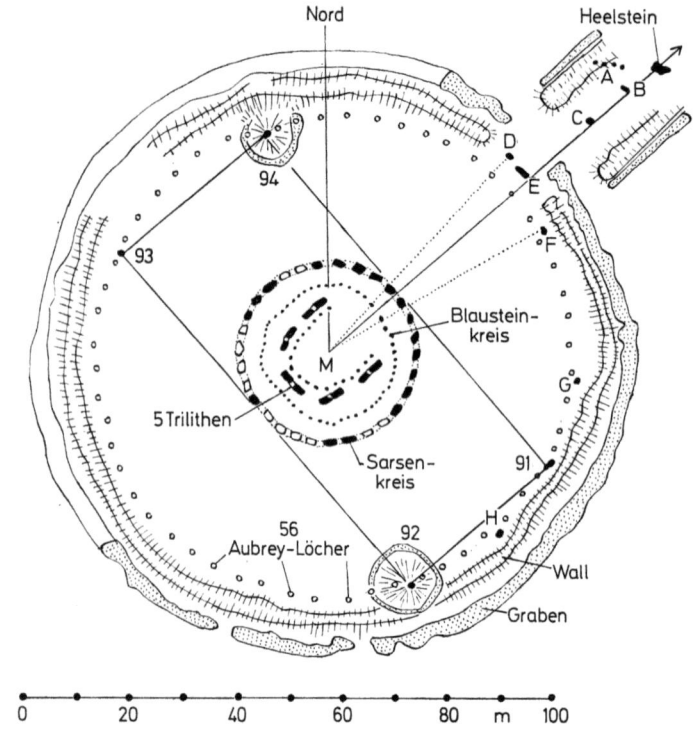

Abb. 26. Stonehenge nach Atkinsons Grundplan schematisch gezeichnet

wickelten Gedankengänge haben in der Fachwelt Erstaunen hervorgerufen. Stonehenge I diente danach den Erbauern als Sonne-Mond-Kalender. Nicht nur die Jahres- oder Zeitpunkte der Sommer- und Wintersonnenwende standen im Mittelpunkt der Beobachtungen, sondern man bemühte sich darüber hinaus auch die langjährige Wanderung der Mondauf- und -untergänge festzulegen.

Die Sonnen- und Mondortungen. Welche Beobachtungsmöglichkeiten die Kalenderanlage nach Hawkins' Vorschlag bietet, sollen uns die beiden Skizzen der Abb. 28 und 29 zeigen. Wir haben in diesen Abbildungen die Konstruktion von Stonehenge I vor uns, für die das Stationsviereck mit den Punkten 91—94 charak-

Abb. 27. Blutrot erhebt sich in Stonehenge am 21. Juni die Sonne über dem Heelstein und füllt das Tor des Sarsenkreises mit einer Strahlenkrone. (Aus: W. R. Corti und R. Müller, Bildband „Die Sonne". München, Hanns Reich Verlag)

teristisch ist. Später wurde die Anlage dann durch den Monumentalbau mit den 5 Trilithen und dem Sarsenkreis erweitert.

Ich will hier nicht Einzelmessungen aufführen, die man aus Hawkins' Veröffentlichungen (l.c.) entnehmen kann; statt dessen möchte ich die Bilder — getrennt für Sonnen- und Mondlinien — sprechen lassen: Die bei den Richtungspfeilen angeschriebenen Zahlenwerte ($+24°$, $-19°$ usw.) entsprechen den auf ganze Grade abgerundeten Deklinationen, welche die Gestirne im Moment ihrer Auf- oder Untergänge um das Jahr -1800 hatten. Es sei noch einmal hier daran erinnert, daß die Sonne zur Zeit der Sommersonnenwende (SoSoWe) eine Deklination von rund $+24°$ und zur Wintersonnenwende (WiSoWe) eine Deklination von $-24°$ erreicht. Der Mond weist die 4 extremen Deklinationswerte von $\pm 29°$ bzw. $\pm 19°$ auf.

Die Bewegungsverhältnisse des Mondes sind, wie wir dies ausführlich im Kapitel II, S. 16 beschrieben haben, durch seine 4 Extremstellungen" gegeben, in denen der Mittsommermond die Deklinationen $-19°$ bzw. $-29°$ erreicht und beim Mittwintermond

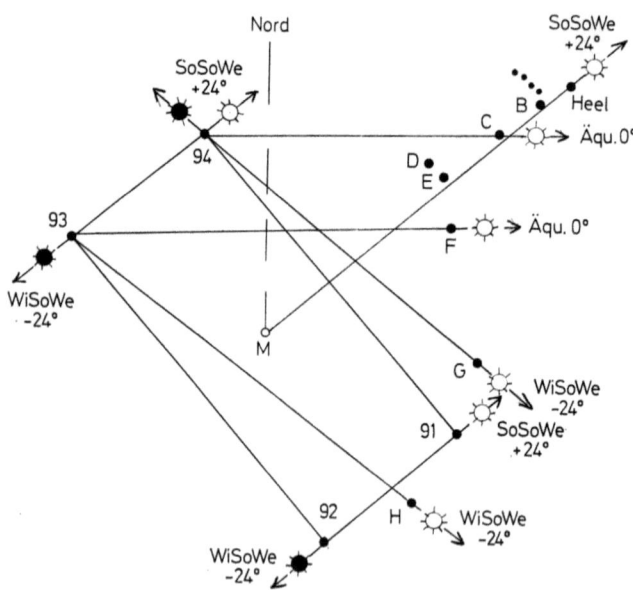

Abb. 28. Nach Hawkins' Rechnungen lassen sich in der Anlage Stonehenge I 10 Ortungslinien zur Sonne erkennen. Offene Symbole Aufgänge, volle Untergänge

die Deklination des Mondes $+19°$ bzw. $+29°$ beträgt. Ein auffälliges Merkmal bilden die 3 Paare, die von M, von 91 und 93 ausgehen, sie sind in der Abbildung durch Bögen gekennzeichnet.

Auch beim Wandern des Mondes von einem Extrem zum anderen gibt es natürlich „Halbzeiten", es sind dies die Mondäquinoktien, in denen der Mond die Deklinationen von $+5{,}2°$ bzw. $-5{,}2°$ erreicht. Durch Einbeziehung aller 12 Richtsteine — es kommen also noch die Steine B—E hinzu — findet man auch Ortungen zu diesen Mondäquinoktien, und die Kalenderanlage wird damit sozusagen komplett. (Diese Ortungen zu Mondäquinoktien sind in der Abb. 29 gestrichelt eingezeichnet.)

Das „Hufeisen" und seine Ausrichtung. Man muß dem Aufbau der späteren Hauptanlage von Stonehenge mit den 5 Trilithen und dem Sarsenkreis vom astronomischen Standpunkt alle Achtung zollen, weil er sich so geschickt der ja schon vorhandenen Ortungs-

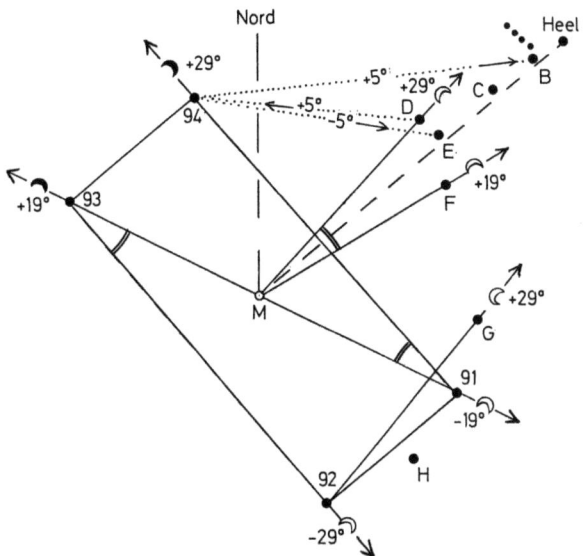

Abb. 29. Die Beobachtung der sich im Zyklus von rund 18½ Jahren abspielenden Verschiebung der Mondauf- und -untergänge ist in Stonehenge durch 10 Ortungslinien gekennzeichnet. Offene Mondsymbole = Aufgänge, volle Untergänge. (Nach G. S. Hawkins)

anlage Stonehenge I anpaßt. Die Achse des Hufeisens, das die 5 Trilithen bilden, ist sehr genau in die Linie zum Heelstein gelegt worden und nimmt den Mittelpunkt des „Stationsvierecks" auf. Mit dieser Neukonstruktion ergeben sich auch neue Möglichkeiten, Sonne und Mond durch die Trilithen und die Tore des Sarsenkreises zu beobachten. Diese Blickrichtungen, die ich nicht Ortungslinien nennen möchte, finden wir in der Abb. 30 eingezeichnet. Es sind, wie man sieht, nur kurze Visuren mit verhältnismäßig großer Visierbreite. Aber der Priesterastronom konnte sich vom Heiligtum des Hufeisens durch diese Fenster rasch einen Überblick auf die wichtigsten Stationen von Sonne und Mond verschaffen. Die schönen und lehrreichen Photos in Hawkins' „Stonehenge decoded" vermitteln uns recht eindrucksvolle Bilder von diesen Blicken durch die Fenster, wenn z. B. die Mittwintersonne das Visier eines der Trilithen mit ihren Strahlen ausfüllt.

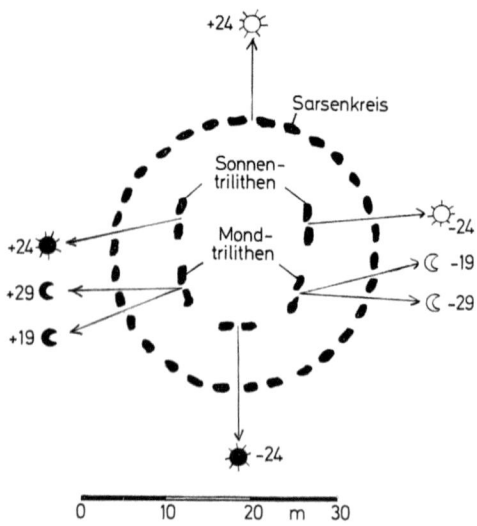

Abb. 30. Gestirnsvisuren in Stonehenge III (Hufeisen und Sarsenkreis). Offene Symbole = Aufgänge, schwarze = Untergänge. Die Zahlen entsprechen den Deklinationen. (Nach G. S. Hawkins)

Vom Zufall und der Wahrscheinlichkeit. Man könnte sich auf den rigorosen Standpunkt stellen, etwa das Netz der vielen Ortungslinien deswegen abzulehnen, weil man einfach nicht geneigt ist, den Erbauern derartiges astronomisches Wissen zuzutrauen. Aber ist es denn im Grunde genommen überhaupt ein Wissen, was sich hier offenbart? Nun, es ist ein Wissen, das dem naturverbundenen Beobachter selbstverständlich zu eigen war. Es war die Schau zum Himmel, die den Menschen der Steinzeit lehrte, die Bewegungsverhältnisse der Gestirne zu erkennen. Er nutzte diese Kenntnisse, um die Zeiten und den Kalender zu bestimmen, den ein seßhaftes Agrikulturvolk so dringend benötigte. Stonehenge und andere Steinsetzungen sind natürlich nicht von heute auf morgen erbaut. So wie der Baumeister etwa unser Eigenheim erst einmal aussteckt oder die Autobahn ausgefluchtet wird, so haben früher die Kalendermacher meiner Vorstellung nach in jahre- oder jahrzehntelangen Beobachtungen die Richtungen ausgepflockt und die Fluchtstäbe immer wieder korrigiert, um sie schließlich durch

Abb. 31. Einer der 5 Trilithen, die in Stonehenge hufeisenförmig aufgestellt wurden. Der Steinbruch, aus dem die bis zu 50 t schweren und um 8 m hohen Tragsteine stammen, lag fast 230 km entfernt! Zur Aufstellung benötigte man schätzungsweise 800 Mann

feste Steinpfeiler, Hügel oder Kreise zu markieren. Sicher ist wohl auch, daß dann die Priester des Volkes solche Steinsetzungen in den Dienst der Religion stellten.

Dennoch ist die Frage berechtigt, ob es sich nicht doch um puren Zufall handeln kann. Man darf die Frage auch so formulieren: Hat nicht vielleicht den Erbauern von Stonehenge der Gedanke fern gelegen, sich durch irgendwelches himmelskundliches Wissen beim Aufbau der Anlage leiten zu lassen?

Der Computer „Oskar" antwortet. Der Wahrscheinlichkeitsmathematiker hat sich mit Hilfe eines Computers, der den Namen „Oskar" trug, der Frage angenommen: Wenn man die sich gegenseitig verdeckenden Steine ausschließt, so bleiben 120 Steine übrig. Zwischen diesen 120 Punkten sind 7140 Verbindungen möglich [6]. „Oskar" wurde nun die Aufgabe gestellt, diese Richtungen (also ihr Azimut am Himmelsrand) zu bestimmen und zu errechnen, welcher Deklinationswert jeder Richtung im Auf- oder Untergang entspricht. Das Ergebnis war recht interessant, die Deklinationen, die der Computer errechnete, zeigten nämlich besonders große Anhäufungen bei den Werten $\pm 29°$, $\pm 24°$ und $\pm 19°$!

Da in früheren Jahren auch die Meinung vertreten wurde, daß Stonehenge den Planeten geweiht war, wurden die helleren Wandelsterne in den Kreis der Betrachtung gezogen. Es zeigte sich, daß die für die Planeten errechneten Deklinationen nicht in das gefundene Schema der Zahlen 29, 24 und 19 paßten. Die Untersuchungen wurden dann noch auf hellere Sterne ausgedehnt. In der Reihenfolge ihrer Helligkeit waren es die Fixsterne Sirius, Canopus, Alpha Centauri, Wega, Capella und Arktur. Hier zeigte sich, daß Sirius, der damals (—1500) eine Deklination von —18,2 hatte, nahezu mit dem Häufigkeitswert —19° zusammenfiel.

Was die völlig unvoreingenommene elektronische Rechenmaschine „Oskar" herausbrachte, bestätigt aufs glänzendste unsere vorgetragenen Anschauungen. Paar um Paar der wichtigsten Verbindungslinie fielen ja tatsächlich mit jenen Stellen zusammen, an denen Sonne und Mond ihre Wenden hatten. Beim Vergleich der Rechnung mit den gefundenen Linienzügen ergibt sich für die Sonnenlinien ein Fehler von nur 0,6°. Beim Mond ist er verständlicherweise etwas größer und beträgt hier 1,1°. Dies ist ein hervorragendes Ergebnis, wenn man bedenkt, welche Fehlerquellen sich zwangsläufig z. B. durch die Rekonstruktion gefallener oder verschleppter Steine ergeben können [7]. Sichtfehler der Priesterastro-

---

[6] Formel: Wenn N die Anzahl der Punkte bezeichnet, sind $N(N-1) : 2$ Verbindungen möglich.

[7] Sowohl die Sonnen als auch die Mondtrilithen von Stonehenge III (s. Abb. 30) befinden sich heute in einem betrüblichen Zustand. Manche sind schon vor Hunderten von Jahren zerbrochen oder eingestürzt. Ihre Neuaufstellung (1901) ist vielleicht nicht ganz geglückt, so daß bei den an und für sich kurzen Visuren bei Stonehenge III die Fehler größer sind.

Abb. 32. Luftbildaufnahme von Stonehenge vor der Rekonstruktion. (Aus W. R. Corti und R. Müller, Bildband „Die Sonne". München, Hanns Reich Verlag)

nomen sind zweifellos bei der Sonne gering gewesen; beim Mond allerdings mögen sie größere Werte erreicht haben.

Wenn man die in Betracht kommenden Steine, 120 an der Zahl, wie Bälle über die Fläche, die Stonehenge einnimmt, werfen könnte, müßte man rund 1 Million Würfe ausführen, ehe man sie bis auf 1° genau so plaziert, wie wir sie heute vorfinden. Diese mathematische Wahrscheinlichkeit von 1 : 1 000 000 schließt jeden Zweifel aus, daß es sich um reinen Zufall handeln kann.

Die Aubreylöcher. Wir sprachen bereits davon, daß Stonehenge I von einem gut ausgezirkelten Ring von Löchern umgeben war, der 88 m Durchmesser hatte. Auf diesem lagen sehr regelmäßig verteilt 56 Mulden, die sog. Aubreylöcher. Im Durchschnitt hatten die steil abfallenden und am Boden flachen Mulden Durchmesser von rund 130 cm und waren im Schnitt fast 1 m tief. Bei der Ausgrabung fand man in ihnen Kalkschutt, mit dem sie anscheinend gleich nach der Aushöhlung gefüllt wurden. Später grub man sie immer wieder einmal aus, um sie danach erneut mit Kalk und menschlichem Knochenbrand zu füllen. Holzkohlereste, die man in einem der Aubreylöcher fand, ließen eine Datierung nach der Radiokarbonmethode zu, die auf das Jahr —1850 (±275 Jahre) führte. Der Zweck dieser Lochgruben und ihre merkwürdige Anzahl 56 gibt uns Rätsel auf.

Dr. Hawkins (l.c.) bietet nun eine, wie er selbst sagt, hypothetische doch immerhin plausible Erklärung an, die mit der Beobachtung und Vorhersage von Sonnen- und Mondfinsternissen zu tun hat. Wir wollen uns daher mit ihr und den Erscheinungen der Finsternisse im folgenden Abschnitt beschäftigen.

Sonnen- und Mondfinsternisse

Wie kommen die Finsternisse zustande? Der Leser wird es begrüßen, wenn wir zunächst einmal mit der Abb. 33 das Zustandekommen von Sonnen- und Mondfinsternissen erklären. Eine *Sonnenfinsternis* beobachten wir, wenn der Mond zwischen die Verbindungslinie Erde—Sonne tritt, wie es im oberen Bild der Abb. 33 dargestellt ist. Die Finsternis ist *total*, wenn der Mittelpunkt des Mondes die Verbindungslinie Erdort—Sonnenmittelpunkt durchschreitet. Der Wechsel in der Entfernung der Erde von Sonne und Mond kann es mit sich bringen, daß die Scheibe des Mondes dabei kleiner als die der Sonne ist. In diesem Fall beobachten wir eine *ringförmige Sonnenfinsternis*. Weicht der Mondmittelpunkt von der Verbindungslinie Erdort—Sonnenmittelpunkt ab, so kommt es innerhalb des Strahlenkegels SS nur zu einer teilweisen Bedeckung der Sonnenscheibe; wir beobachten dann eine sog. *partielle Sonnenfinsternis*. Die Abbildung lehrt uns, daß Sonnenfinsternisse nur bei Neumond auftreten können. Die größte mögliche Dauer einer totalen Sonnenfinsternis beträgt rund $7^{1}/_{2}$ min.

Eine *totale Mondfinsternis* ereignet sich, wenn die Mondkugel ganz in den Kegel des in den Weltraum geworfenen Schattens der Erde tritt (Abb. 33 unten). Läuft der Mond nur mit Teilen seiner Scheibe in den Erdschatten, so beobachten wir eine *partielle Mondfinsternis*. Vor und nach dem Eintritt in den Kernschatten durchschreitet unser Erdbegleiter den Halbschatten der Erde. Die bei einer solchen Halbschattenverfinsterung eintretende geringe Lichtminderung ist praktisch kaum wahrnehmbar. Die Dauer der totalen Verfinsterung des Mondes kann bis zu rund $1^{3}/_{4}$ Std dauern.

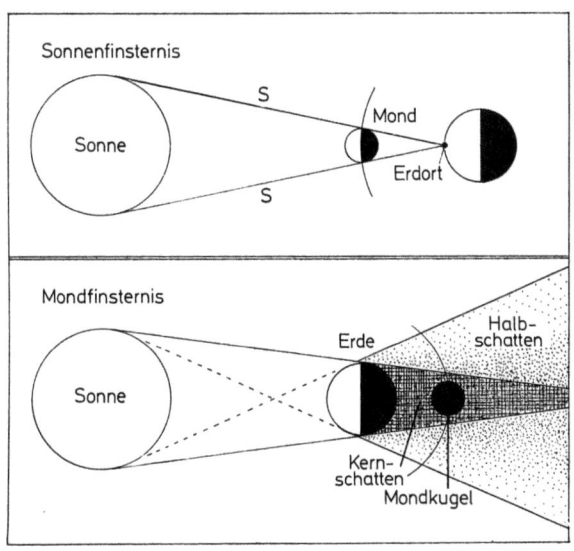

Abb. 33. Die Entstehung von Sonnen- und Mondfinsternissen

Wenn die Bewegung von Erde und Mond in der gleichen Ebene erfolgte, würden Sonnen- und Mondfinsternisse bei jedem Mondumlauf, also jeweils rund alle 15 Tage, stattfinden. Da aber die Mondbahn gegen die Ebene der scheinbaren Sonnenbahn (Ekliptik) um 5,15° geneigt ist, treten Finsternisse nur ein, wenn sich der Mond in der Nähe der Schnittlinie beider Ebenen, der sog. Knotenlinie bewegt (s. auch S. 17). So kommt es, daß durchschnittlich in allen Gebieten unserer Erde jährlich nur 2—3 (höchstens 5) Sonnenfinsternisse und 1—2 (höchstens 2) Mondfinsternisse stattfinden können. Die Finsternisse treten im Verlauf von 18 Jahren und 11 Tagen in nahezu derselben Reihenfolge wieder auf. Dieser 18jährige Zyklus, der bei den frühen Völkern zur Vorhersage von Finsternissen eine große Rolle spielte, wird Saros genannt.

Der Saroszyklus im Bild. Wenn wir auf einem Kalenderblatt mit einer Einteilung für Jahre und Jahresdaten einmal alle sich während eines längeren Zeitraums ereignenden Sonnen- und Mondfinsternisse eintragen, so erkennt man mit einem Blick das Gesetz des Saroszyklus. Abb. 34 zeigt uns einen solchen Finsternis-

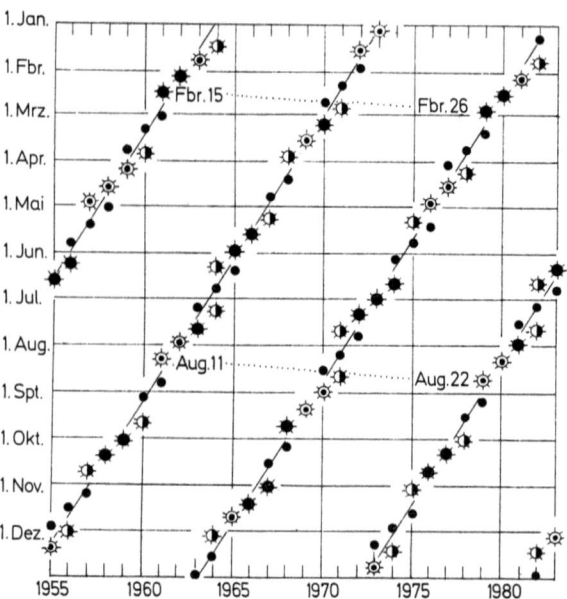

Abb. 34. Der Kalender enthält alle auf der ganzen Erde beobachtbaren Sonnen- und Mondfinsternisse der Jetztzeit (1955—1982). Strahlenkreise = Sonnenfinsternisse: Volle = totale; mit Innenpunkten = ringförmige; halb bedeckte = partielle. Kleinere Vollkreise = Mondfinsternisse

kalender für die Zeit von 1955—1983, in welcher (erdweit) 64 Sonnen- und 42 Mondfinsternisse beobachtet wurden oder beobachtet werden können. Bei Betrachtung dieses Kalenderblattes sieht man sogleich, daß sich nach 18 Jahren und 11 Tagen die Finsternisfolgen stets in der gleichen Reihenfolge wiederholen. Wenn also, wie dies an zwei Beispielen gezeigt wird, eine totale Sonnenfinsternis am 15. Februar 1961 eintrat, ereignet sich nach 18 Jahren und 11 Tagen, also am 26. Februar 1979, wieder eine totale Sonnenfinsternis. Oder: Der ringförmigen Sonnenfinsternis vom 11. August 1961 folgt ein Saroszyklus später die ringförmige Sonnenfinsternis vom 22. August 1979 usw.

Der Finsterniskalender (Abb. 34) läßt uns auch das früher mit der Abb. 8, S. 17 erklärte Gesetz erkennen, wonach die Knotenlinie des Mondes in 18,61 Jahren einen vollen Umlauf in der

Ekliptik (scheinbare Sonnenbahn) vollendet. Es beträgt nämlich der Abstand der 4 von links nach rechts aufsteigenden Geraden, die den durch Ausgleichung ermittelten mittleren Verlauf der einzelnen Finsternisse repräsentieren, jeweils genau 9,305 oder verdoppelt 18,61 Jahre.

Der Bericht Diodors. Doch nach Statistik und Theorie wollen wir uns folgender Frage zuwenden: Gibt es Spuren oder Hinweise, daß man sich im Neolithikum mit der Beobachtung oder der Vorhersage von Finsternissen beschäftigte? Wenn man auf all das zurückschaut, was uns die steinernen Bauten über die hervorragende Beobachtungskunst und auch das sich in ihnen offenbarende mathematische Können verraten haben, muß man geneigt sein, die Frage zu bejahen. Es wäre ja geradezu verwunderlich, wenn nicht das faszinierende und zugleich erschreckende Schauspiel, das jede Finsternis bietet, auch die damaligen Himmelskundigen in ihren Bann gezogen hätte.

Der Astronom Dr. G. S. Hawkins [15] glaubt nun zumindest Indizien gefunden zu haben, wonach die sternkundigen Priester in Stonehenge (um das Jahr 1500 v. Chr.) sich mit Finsternisbeobachtungen und der Vorhersage von Sonnen- und Mondfinsternissen beschäftigt haben. Bei seinen Spekulationen knüpft Hawkins zunächst an einen Bericht des griechischen Geschichtsschreibers Diodor aus Sizilien, einem Zeitgenossen Cäsars, an, der sein Wissen wohl aus der Erdbeschreibung des Hekatäus von Milet schöpfte. In der „Historischen Bibliothek" Diodors [6] ist von den sagenhaften Hyperboräern die Rede, über die der Schriftsteller folgendes erzählt:

„Gesagt wird (von den Hyperboräern) auch, daß der Gott alle 19 Jahre die Insel besucht, in welcher Zeit sich die Ausgangsstellungen der Sterne wiederherstellen, weswegen der Zeitraum von 19 Jahren Metons Jahr [8] genannt wird."

---

[8] Von dem griechischen Astronomen Meton (um 432 v. Chr.) stammt der nach ihm benannte Zyklus von 19 Jahren, nach dessen Ablauf die Erscheinungen der Mondphasen mit den gleichen Stellungen der Sonne zusammenfallen. Es sind nämlich 19 bürgerliche (tropische) Jahre zu je 365,2422 Tagen fast genau gleich 235 Lunationen zu je 29,5306 Tagen. Eine Lunation ist die Zeit, die bis zur Wiederkehr der gleichen Mondphase — etwa von Vollmond zu Vollmond — vergeht.

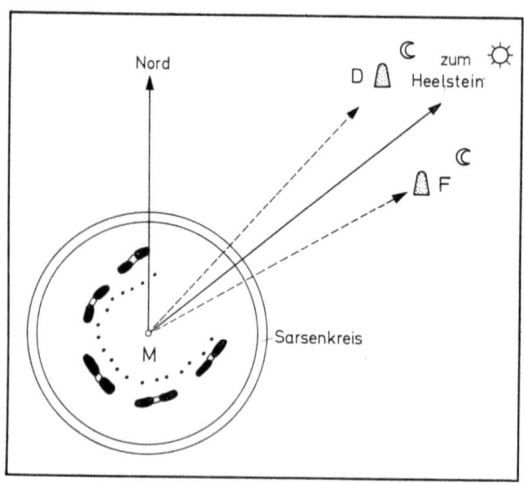

Abb. 35. In Stonehenge zeigte vom Mittelpunkt M des Hufeisens die Richtung zum Heelstein zur aufgehenden Mittsommer-Sonne. Die Mondextreme konnte man über die Pfeiler D und F festlegen

Natürlich hatte Diodor bei seinem Bericht den Mond im Sinne, dessen Extremstellungen in Stonehenge ja sorgfältig als Auf- oder Untergangserscheinungen beobachtet wurden. Zeigt nun der Mond, so fragt Hawkins, neben seinen besonderen Auf- und Niedergängen irgendwelche spektakulären Himmelserscheinungen? Die naheliegende Antwort lautet: Wenn der Mond in den Erdschatten tritt und damit eine Mondfinsternis beginnt, ereignet sich wahrlich ein Aufsehen und Schrecken erregendes Ereignis, schienen doch böse Mächte die glänzende Mondscheibe zu verschlucken. Ein solches Himmelsschauspiel ist besonders eindrucksvoll, wenn der Mond über dem Heelstein steht, der den Himmelskundigen die Sommersonnenwende anzeigte.

Mondlauf und Finsternisse beiderseits des Heelsteins. Mit einer schematischen Skizze von Stonehenge III (Abb. 35) wollen wir die Ortungsmöglichkeiten aufzeigen, die sich vom Mittelpunkt M des aus 5 Trilithen gebildeten Hufeisens aus ergaben: Von hier aus geht der Blick über den Heelstein zum Horizont, wo sich am Tage der Sommersonnenwende das Tagesgestirn erhebt. Beiderseits dieser Sonnenvisur stehen die Pfeiler D und F, sie markieren,

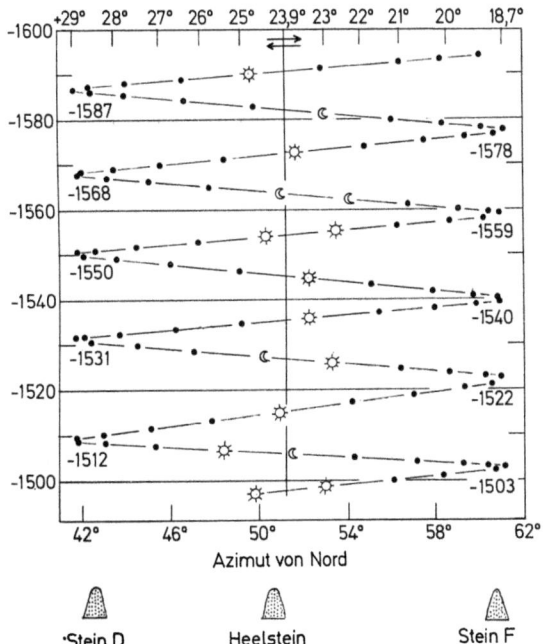

Abb. 36. So sah vom Hufeisen in Stonehenge ein Beobachter den Mond zwischen seinem oberläufigen und unterläufigen nördlichen Extrem hin und her wandern. Strahlenkreise = Sonnenfinsternisse, Mondsymbol = Mondfinsternisse. (Nach G. S. Hawkins)

ebenfalls von M aus gesehen, zwei besondere Aufgangspunkte des Mondes, die er als Extremstellungen jeweils im Laufe von rund 19 Jahren erreicht.

Ereigneten sich nun Finsternisse um die Zeiten, an denen der Mond Aufgang über dem Heelstein hatte — und das konnten sowohl Sonnen- wie Mondfinsternisse sein —, war dies natürlich ein ganz besonderes Ereignis. Wann stand nun (um die Stonehengezeit) der Mond über dem Heelstein und den Pfeilern D und F? Und wann fanden Finsternisse in jenen Jahren statt, in denen der Mond über oder in der Nähe des Heelsteines seinen Aufgang hatte? Die Fragen sollen durch eine Bilddarstellung (Abb. 36) beantwortet werden, in der für die Zeit von 1600—1500 v. Chr. der Mondlauf über den Pfeilern *F* — Heel — und *D* eingetragen ist. Jahr für Jahr sind hier durch Punkte die Mondstellungen über den Zickzacklinien vermerkt, wobei die beiden Skalen die damit verbundene Deklinationsverschiebung (oben) und die Azimutänderung (unten) erkennen lassen. Bemerkenswert ist der „jahrelange" Stillstand über den Pfeilern *D* und *F*, aber auch beim Passieren des Heelsteins läßt sich der Mond Zeit. Man erkennt dies aus dem Doppelpfeil in der Abbildung, der die Bewegung des Mondes innerhalb eines halben Jahres anzeigt.

Da den Stonehengeschen Priestern die Beobachtungen von Sonnen- und Mondaufgängen über dem Heelstein bedeutungsvoll erschienen, schenkte man natürlich auch den mit ihnen verknüpften Ereignissen von Finsternissen besondere Bedeutung. Eine Mond- oder Sonnenfinsternis kann eintreten, wenn der Wintermond — das ist der Vollmond in der Nähe des Wintersolstitiums — über dem Heelstein aufgeht. Diese Finsterniserscheinungen sind in der Abb. 36 für jene Jahre eingezeichnet, in denen der Mond im Aufgang beim Heelstein stand. Nur etwa die Hälfte der Ereignisse waren in Stonehenge sichtbar. Aber der Aufgang des Wintermondes über Heel barg immer die „Gefahr" in sich, daß sich eine Finsternis, die man dem Volke verkünden mußte, ereignen konnte. Ging der Vollmond über den Pfeilern *D* und *F* auf, konnten die Himmelskundigen natürlich auch mit Finsternissen um die Zeit der Tag- und Nachtgleichen rechnen.

Ein 56 Jahre-Zyklus. Etwa alle 19 Jahre wiederholte sich das Spiel der Mondwanderung, und etwa alle 9½ Jahre hatte der Mond auf seinem Pendelweg zwischen D und F Aufgang über dem Heelstein. Doch das „etwa" entspricht nicht der Wirklichkeit, denn die genauen Zeiten beim Hin- und Herpendeln betragen ja 18,61 bzw. 9,305 Jahre. Versucht man etwa wechselnd mit den Zahlen 18 und 19 den Lauf der Mondbewegung darzustellen, oder baut man auf dieser Zahlenfolge Finsternisvorhersagen auf, gerät man sehr bald aus dem Konzept. Betrachtet man aber in der Abb. 36 die dort vermerkten Jahre, an denen der Mond über D oder F steht, so erkennt man, daß sie stets in Folgen von 19-19-18 = 56 Jahren auftreten. Für den Durchgang des Mondes über dem Heelstein gilt die Folge: 9-9-10-9-9-10 ebenfalls = 56 Jahre.

Das Geheimnis um die 56 Aubreylöcher scheint sich zu lüften! Sie verraten uns — so meint Hawkins — das Gesetz eines 56jährigen Zyklus, dessen sich die Sternkundigen in Stonehenge zur Vorhersage von Finsternissen bedienten. Wie sie dabei die Aubreylöcher als Zählwerk benutzten, soll uns im nächsten Abschnitt beschäftigen.

Stonehenge ein „neolithischer Computer". So lautet der sensationell erscheinende Titel einer Arbeit von Dr. Hawkins, in der Zeitschrift Nature (Lond.) [15]. Wenn man jedoch Computer schlicht als Rechenmaschine oder Rechenschieber übersetzt, wird der moderne Begriff, den man mit einem Computer verknüpft, ins rechte Licht gerückt. Nach Hawkins' Meinung waren die 56 Aubreylöcher das Zählwerk einer Rechenmaschine, die es den Priestern gestattete, den Mondweg Jahr für Jahr zu überblicken und damit dem Volk die „Gefahrenzeiten" vorhersagen zu können, damit es nicht durch den plötzlichen Eintritt von Finsternissen erschreckt wurde.

Ich will mich nun bemühen, Hawkins' Rechenmaschine in Gang zu bringen, wobei ich mich zur Erklärung der Abb. 37 bediene. In diesem Bild sind schematisch die das Hufeisen und den Sarsenkreis umgebenden Aubreylöcher — ich nannte den Kreis das „Zählwerk" — eingezeichnet. Sie sind mit 1 beginnend im Uhrzeigersinn gezählt. Zur Rechnung benötigt man 6 Schieber, die mit Beginn einer Rechenoperation als Steine oder Pfähle etwa vor die Löcher 56, 47, 38, 28, 19 und 10 gesetzt wurden. Ihr Abstand entspricht dann, wie es in der Abb. 37 vermerkt ist, der Folge 9-9-10-9-9-10 = 56 (Jahre); die 3 offenen Marken stehen in Zwischenräumen von 18-19-19 (Jahren). Wenn man nun Jahr für Jahr (etwa um die Zeit der Sommer- oder Wintersonnenwende) die Steine um einen Platz in der angegebenen Richtung verschob, so erlaubt es dieses einfache Verfahren, jedes wichtige Ereignis, das der Mond bot, mit großer Genauigkeit für etwa 3 Jahrhunderte vorherzusagen.

Steht der Merkstein *a*, wie in der Abb. 37, vor dem Aubreyloch 56, geht der Wintervollmond, der um die Zeit der Wintersonnenwende zu beobachten war, über dem Heelstein auf. Dies war — um ein Beispiel herauszugreifen — im Jahre —1573 der Fall; in diesem Jahr fand 2 Tage vor dem Wintersolstitium eine Sonnen-

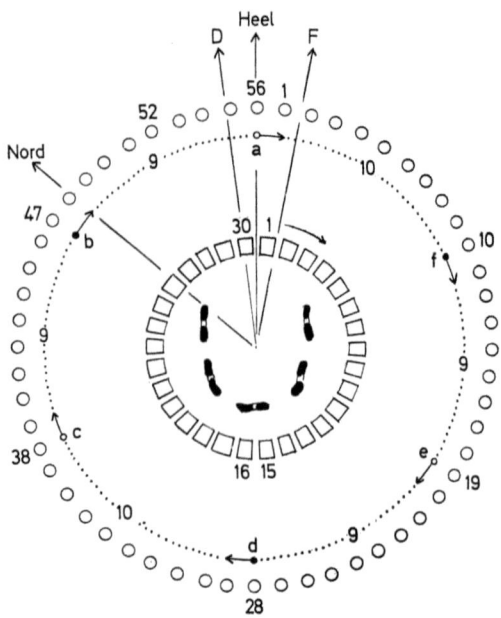

Abb. 37. Die Stonehenge „Rechenmaschine", bei der die 56 Aubreylöcher das Zählwerk abgaben. Der Durchmesser des Aubreykreises beträgt 88 m. (Schematisch nach G. S. Hawkins)

finsternis statt. Die Merkscheibe b rückt Jahr für Jahr ein Loch weiter und erreicht das Aubreyloch 52 im Jahre —1568. Es ist die Zeit, um die der Mond im oberläufigen nördlichen Extrem ($\delta =$ +29°) über dem D Stein steht (s. auch Abb. 35). Für die Himmelskundigen war diese Einstellung ein Warnzeichen, denn es konnten sich in diesem Jahr um die Zeit der Äquinoktien Finsternisse ereignen. (1568 v. Chr. fand 13 Tage vor der März Tag- und Nachtgleiche eine Mondfinsternis und 15 Tage darauf eine Sonnenfinsternis statt.) Nach weiteren 4 Jahren — wir zählen nun das Jahr —1564 — liegt die Merkscheibe b vor dem Aubreyloch 56, und es fand damals 4 Tage nach Mittwinter eine Mondfinsternis statt.

So geht es weiter. Wenn z. B. nach 28 Jahren, im Jahre —1545, nun der Merkstein d vor Loch 56 zu liegen kam, konnte man wieder mit einer Winterfinsternis rechnen; sie ereignete sich 2 Tage vor Wintersonnenwende. Wie schon erwähnt, waren etwa die Hälfte der Erscheinungen in Stonehenge sichtbar, aber die Stellung des Rechenschiebers setzte auf alle Fälle den Priesterastronomen die Warnzeiten. Die Rechenmaschine — oder sagen wir auch der Merkkalender — arbeitete übrigens recht genau, denn die Winterfinsternisse von Sonne und Mond wichen höchstens 16 Tage (im Mittel 8 Tage) vom Datum der Wintersonnenwende ab und etwa $1/_3$ fiel fast genau auf den Mittwintertag.

Der Sarsenkreis als Tageszähler. Man war aber auch, wie Hawkins meint, sehr wohl in der Lage, Finsternisvorhersagen auf den Tag genau zu machen, wenn man den Sarsenkreis mit seinen 30 Toren als Tageszeiger benutzte. Die Zahl 30 ist ja nahezu gleich einer Mondlunation von 29,53 Tagen, also der Zeitspanne, die (im Mittel) z. B. zwischen 2 Vollmonden vergeht. Setzt man also nach Beobachtung eines Vollmondaufganges einen beweglichen Stein jeden Tag ein Tor weiter, so darf man, wenn man einmal herum ist, den nächsten Vollmond erwarten. Die Schwankungen zwischen zwei gleichen Mondphasen können bis zu etwa $1/2$ Tag erreichen, und das Zählwerk arbeitet genau genug, wenn man alle 2 und 3 Monate den Merkstein um einen Stellenwert vor- und zurücksetzt. Mondfinsternisse kann man z. B. erwarten, wenn der Mondstein im Tor zwischen den Pfeilern 30/1 steht und Sonnenfinsternisse, wenn er zwischen 15/16 zu liegen kommt.

Damit ist das Wesentliche über die Stonehenge-Rechenmaschine gesagt. Ich bin der Meinung, daß Hawkins' Hypothese gar nicht so phantastisch klingt, wie es zunächst den Anschein hatte. Andere Forscher bauten Hawkins' Vorstellungen noch weiter aus, und wieder andere lehnten sie strikt ab. Die Kritik ging dabei zumeist von der Ansicht aus, daß man dem Menschen im Neolithikum wohl schwerlich derartig hoch entwickelte astronomische Fähigkeiten zutrauen dürfe. Nun, dieser Einwand sticht bestimmt nicht: Spricht nicht fast jede Seite in diesem Buch von der hervorragenden Beobachtungskunst, von der sorgfältigen Verfolgung der Himmelserscheinungen und nicht zuletzt von dem in dieser Epoche der Vorzeit zu Tage tretenden mathematischen sowie technischen Können?

Himmelskundliche Schriftzeichen. Die Gelehrten gaben damals — und das gilt natürlich nicht nur für Stonehenge — ihr

Wissen von einer Geschlechterfolge zur anderen weiter. Wie sie dabei ihre „Beobachtungsbücher" führten, wissen wir nicht. Doch eines scheint mir sicher, daß man bei den sich über Jahre und Jahrzehnte erstreckenden Himmelsbeobachtungen Gedächtnisstützen benötigte und auch nicht nur durch mündliche Unterweisung die Erscheinungen, die der Himmel über ihnen entfaltete, der heranwachsenden Generation weitergeben konnte. Wenn es Kerbmale auf Holz oder Knochen waren, sind alle Spuren in den vergangenen Jahrtausenden verwittert oder verweht. Doch was uns die Deutung der Aubreylöcher offenbart, darf man als eine astronomische Schrift ansprechen, denn wir versuchen sie ja zu lesen.

Es gibt in den Siedlungen der Steinzeit mancherlei in Stein geschriebene Zeichen, die wir leider nur ahnend zu lesen vermögen. Viele Tragsteine in den Dolmen der Bretagne zeigen z. B. merkwürdige gradlinige oder bogenförmige Gitterornamente oder auch mit Näpfchen durchsetzte Gravierungen. Es ist sehr wohl möglich, daß manche dieser Zeichnungen sozusagen astronomische Merktafeln waren oder vom himmelskundlichen Geschehen berichteten. Bestärkt wurde ich in dieser Annahme, weil einer der Tragsteine des riesigen Ganggrabes „Table des marchands" in der Bretagne mit 56 plastisch ausgearbeiteten „Krummstäben" verziert ist. Von diesem Stein wird noch näher auf S. 107 die Rede sein; er darf nach der Anordnung der Stäbe und anderen auf ihm verzeichneten Symbolen als Mondkalenderstein angesprochen werden. Damit begegnen wir ein zweites Mal dem Mondzyklus von 56 Jahren, den ja möglicherweise die Gelehrten in Stonehenge benutzt haben.

Doch damit nicht genug: In einer Arbeit von G. Sieveking [35] findet man steinzeitliche Bildwiedergaben mit Gravuren und Keramikverzierungen, bei denen das sog. Augenmotiv dargestellt ist, von dem wir bereits auf S. 4, Abb. 1 sprachen. Bei der Betrachtung dieser Bilder fiel mir eine Gravur auf, die sich auf einem Gefäß befand, das man in einem der späteren dänischen Ganggräber fand. Um die Augenpunkte (Abb. 38) gruppieren sich je 27 „Wimpern", die mit den Augen zusammen die Anzahl 56 ergeben! Wieder stoßen wir auf die Zahl 56, doch drängt sich unwillkürlich die Frage auf, ob hier nicht der Zufall seine Hand im Spiele hat? Zu dieser Frage können wir natürlich keine entscheidende Antwort geben, aber herausstellen muß man diesen Befund. Er ist deswegen

Abb. 38. Das Augenmotiv auf einem Gefäß aus einem dänischen Ganggrab (um 2000 v. Chr.). Die Augenpunkte werden von je 27 „Wimpern" umgeben; man stößt damit auf die Zahl 56

besonders beachtenswert, weil wir auf dem Weg der Megalithkulturen der Zahl 56 in der Bretagne, in Stonehenge und in einem Steinzeitgrab Dänemarks begegnen.

2. Avebury

Zu den berühmtesten britischen Steinsetzungen gehört das etwa 22 km nördlich von Stonehenge gelegene Avebury, dessen Zerstörung im vorigen Jahrhundert in geradezu wüster Weise vor sich ging.

Man verdankt es neueren Grabungen, daß immerhin die Position einer ganzen Anzahl von Steinen sowie die Form und Lage der Steinringe nun einigermaßen genau rekonstruiert werden konnten. Eine neue astronomisch-geodätische Vermessung, die von Professor A. Thom [39] mit Unterstützung von Major A. Prain und Miss E. M. Pickard in Ergänzung zu den Grabungen durchgeführt wurde, stellt ein schönes Beispiel der Zusammenarbeit von Archäologen und Astronomen dar und zeigt die ganze Eigenart der

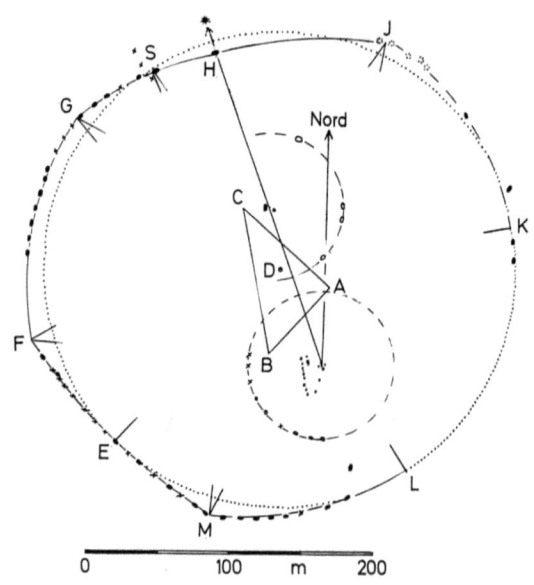

Abb. 39. Das Kreisrund von Avebury. Nach den Ausgrabungen von A. Keiller und der Vermessung durch A. Thom, A. Prain und Miß E. M. Pickard

Anlage (Abb. 39). Sie weicht besonders in der Form des punktierten Hauptkreises, der durch Ecken unterbrochene Rundbögen aufweist, gänzlich von allen uns bekannten Steinsetzungen ab. Dem Geheimnis der Konstruktion kam A. Thom (l.c.) nach der Entdeckung des megalithischen Einheitsmaßes auf die Spur. Man darf sogar in Umkehrung sagen, daß die aufgedeckten Maßzahlen von Avebury einen unabhängigen weiteren Beweis dafür erbringen, welche Bedeutung der megalithischen Elle (ME) zukam und wie hoch in megalithischer Zeit Geodäsie und Vermessungskunst entwickelt war.

Wir wollen die langwierigen Schritte, die Professor A. Thom für diesen Beweis beschritt, hier nicht in allen Einzelheiten verfolgen, jedoch in Kürze einige wichtige Erkenntnisse, die uns das Bauwerk verrät, herausstellen.

1. Die Basiskonstruktion beruht auf dem rechtwinkligen Dreieck *ABC,* dessen Seiten ein pythagoreisches 3-4-5-Dreieck mit den

sehr genauen Seitenlängen von 75, 100 und 125 megalithischen Ellen bilden. (Es ist nämlich $75^2 + 100^2 = 125^2$.) Die Begrenzung der Gesamtanlage, die z. T. innerhalb, z. T. außerhalb des (punktierten) Hauptkreises von rund 329 m Durchmesser liegt, wird durch flache Bögen gebildet, die in bezug zum Konstruktionsdreieck *ABC* oder den Mittelpunkten der beiden Innenkreise stehen. Die Ermittlung der Dimensionen ergab für diese Bögen folgende Längen (in ME):

Tabelle 6. *Länge der Begrenzungsbögen*

Bogen	Länge gerechnet [a]	Länge ursprünglich
EM	97,2	97,5 = 39 · 2½ ME
EF	117,4	117,5 = 47 · 2½ ME
FG	199,9	200 = 80 · 2½ ME
GH	129,7	130 = 52 · 2½ ME
HJ	150,1	150 = 60 · 2½ ME
JKLM	608,1	607,5 = 243 · 2½ ME

[a] Aus der Plankonstruktion.

Die Zahlen der zweiten Reihe, die den vermutlich ursprünglich gewählten Längen entsprechen, sind alle Vielfache von 2½ megalithischen Ellen. Diese Einheit spielte überhaupt beim Umfang der Steinkreise aller Formen der britischen Megalithkultur eine bedeutsame Rolle (s. auch S. 50).

2. Der Umfang *U* der Innenkreise berechnet sich aus der bekannten Formel $U = 2\pi r$, in der *r* der Radius des Kreises ist. Nach der Vermessung haben diese Kreise beide einen Durchmesser von 125 ME (= 103,6 m). Rechnet man mit dem abgekürzten Wert von $\pi = 3,14$ den Umfang *U* der Innenkreise aus, so wird $U = 392,5$ ME, eine Zahl, die in guter Näherung wiederum ein Vielfaches von 2½ ME ist.

Eine himmelskundliche Orientierung kann man (vielleicht) in der Tatsache erblicken, daß die Verbindungslinie der beiden inneren Kreismittelpunkte über den Stein *H* hinweg in Richtung auf den Untergangsort des Sternes Deneb im Schwan zielt.

3. Woodhenge

Zwischen Avebury und Stonehenge hat man eine ganz eigenartige Anlage ausgegraben und dann sorgfältig vermessen. Es handelt sich, wie es die Abb. 40 zeigt, um 6 konzentrisch sich überlagernde eiförmige Ringe, deren Konstruktion auf das eingezeichnete pythagoreische Dreieck ABC zurückgeht. Die große durch A und B gehende Hauptachse weist sehr genau auf den Punkt am Horizont, an dem am Tage der Sommersonnenwende sich die Sonne erhebt.

A ist der Mittelpunkt für die 6 großen Kreisbögen, die man bei der Konstruktion bis zu den Begrenzungslinien bei a und c schlug, während alle schmäleren Kreissektoren, die jeweils bis zur Begrenzung bei b und e reichen, B als gemeinsamen Mittelpunkt haben. Die dazwischen liegenden kleinen Kreisbögen, mit ihren Mittelpunkten bei C und C', geben der Anlage von Woodhenge die eiförmige Gestaltung (vgl. auch S. 43).

Die Maße, die den 6 eiförmigen Ringen zugrunde liegen, gehen alle in mannigfaltiger Verknüpfung auf die megalithische Elle zurück. Da haben wir zunächst das Basisdreieck mit den Katheten $AB = 6$ ME und $AC = 17,5$ ME sowie der Hypotenuse $BC = 18,5$ ME. Rechnen wir mit halben megalithischen Ellen, so ist der Pythagoreische Lehrsatz $12^2 + 35^2 = 37^2$ erfüllt! Bei der Wahl der Halbmesser für die Kreise ging man überraschende Wege. Der Planung lag offensichtlich der Gedanke zugrunde, daß der Umfang eines jeden Ringes ein Vielfaches von 20 ME sein sollte. Machen wir die Probe aufs Exempel, so finden wir in der Tat, daß der Umfang der Ringe von außen nach innen gleich 160, 140, 100, 80 und 40 megalithische Ellen beträgt. Geometrisch kann man dies dadurch erreichen, daß man die Radien am „dicken" Ende des Eies genau 1 megalithische Elle größer wählt, als die Radien an der Spitze; dies trifft für alle 6 Ringe sehr genau zu.

Außer der bereits erwähnten Ausrichtung der Hauptachse auf die Sonne findet man noch eine Ortung auf einen am häufigsten beobachteten hellen Stern (Capella). Als Visur dienten die zwei in der Abb. 40 rechts oben eingezeichneten „Auslegersteine". Die über diese Steine hinweg von A und B ausgehenden Zielrichtungen weisen auf den Aufgangsort, den Capella im Jahre 1800 v. Chr. hatte.

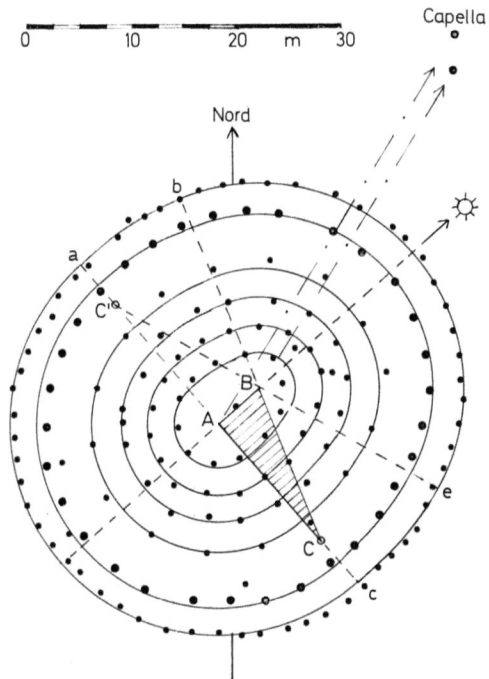

Abb. 40. Die zusammengesetzten eiförmigen Kreisringe von Woodhenge, deren Hauptachse auf den Aufgangspunkt der Sonne am Sommersonnenwendtag weist. (Nach A. Thom)

4. Megalithbauten in der Ahlhorner Heide

Die Ausrichtung der „Hünenbetten". Die Heidelandschaft nahe der Stadt Wildeshausen im Oldenburgischen Land ist überaus reich an Fundstätten aus vorgeschichtlicher Zeit. Ein Dutzend Megalithgräber, unter ihnen die größten Steingehege Nordwestdeutschlands, die der Neusteinzeit (etwa zwischen —2000 bis —1700) angehören, drängen sich hier auf engem Raum. Zwischen ihnen breiten sich viele Hunderte von Hügelgräbern und große Gräberfelder aus, die zumeist der späteren Bronzezeit angehören. Unter den Steingräbern flößen den Besuchern besonders 5 als „Hünenbetten" angesprochene Riesensteinsetzungen Bewunderung ein. Wir finden sie in der Übersichtskarte (Abb. 41) mit ihren volks-

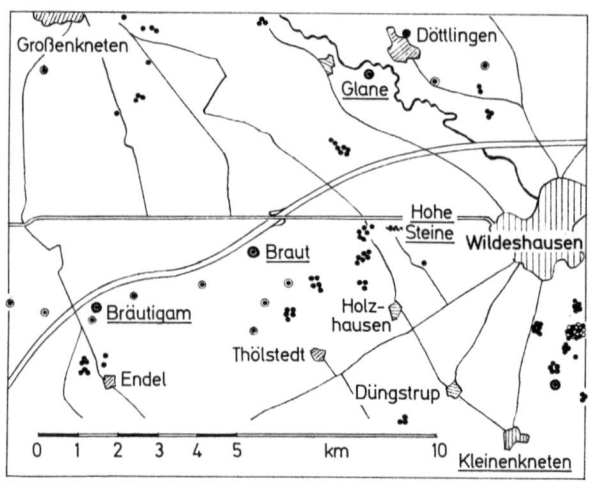

Abb. 41. Hügelgräber und Gräberfelder (Kreise), Steingräber (Doppelkreise) und vermessene „Hünenbetten" (unterstrichen) westl. von Wildeshausen im Oldenburger Land

tümlichen Namen: Visbeker Braut und Bräutigam, Glaner Braut, Hohe Steine und Kleinknetener oder große Steine.

Schon früher wurde hie und da die Ansicht geäußert, daß die langen schmalen und aus mächtigen Findlingen rechteckig gebildeten Steinreihen auf wichtige Stationen des Sonnenlaufes ausgerichtet seien. Um dieser recht allgemein gehaltenen Behauptung auf den Grund zu gehen, besuchte ich im Sommer 1935 die 5 genannten megalithischen Steingehege und bestimmte mit dem Theodolit im Anschluß an die Sonne ihre Richtlagen. Die Orientierung der 4 Hünenbetten habe ich in der Abb. 42 schematisch dargestellt, wobei auch die Hauptrichtung des Großsteingrabes Hohe Steine (soweit sich dessen Achsrichtung genähert feststellen ließ) aufgenommen wurde. Während die langgestreckten sog. Hünenbetten von mächtigen Steinreihen begrenzt werden, handelt es sich bei den Hohen Steinen um ein typisches Ganggrab, das gut erhalten von einer ovalen Einfassung umschlossen ist. In der Planskizze sind die vermessenen Azimute vermerkt, und der Maßstab vermittelt uns einen Eindruck von der Größe der Steinsetzungen.

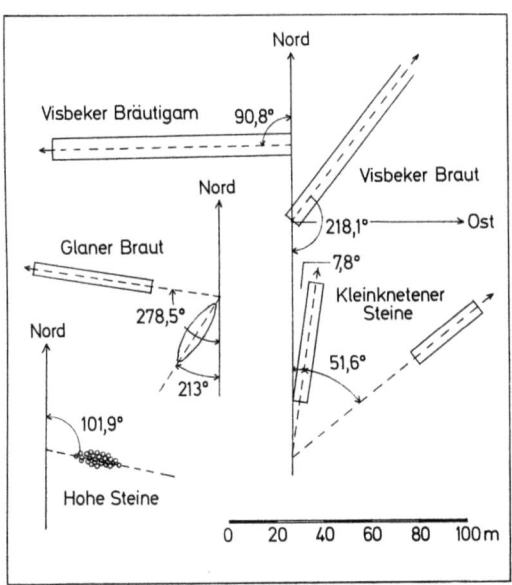

Abb. 42. Die „Hünenbetten" im Raum Wildeshausen und ihre Ausrichtung

Zunächst hat man bei einem flüchtigen Blick auf die Abbildung den Eindruck, daß die 5 Steindenkmäler nach den verschiedensten Himmelsrichtungen weisen und nur der nahezu ostwestliche Verlauf des Visbeker Bräutigams spricht für eine planmäßige Orientierung. Wir wissen nicht, ob dies Zufall ist, oder ob die Baumeister nach genauer Einfluchtung bewußt die Steinblöcke, je 50 auf beiden Längsseiten, über 100 m lang von Ost nach West richteten? Die letztere Annahme würde an Beweiskraft gewinnen, wenn sich auch bei den anderen Steinsetzungen ein gesetzmäßiges Walten in irgendwelcher himmelskundlicher Ausrichtung erkennen ließe. Um dies aus dem Befund zu erkennen, wollen wir in bewährter Weise die gefundenen Azimute in Deklinationen verwandeln [9],

---

[9] Leider ist meine Ausmessung der Horizontprofile verloren gegangen. Nach Einsicht der Meßtischblätter begeht man aber in dem so ebenen Gelände keinen großen Fehler, wenn man bei der Umrechnung die Horizonthöhe $h = 0°$ setzt.

Abb. 43. Die Hohen Steine in der Ahlhorner Heide sind von einem ovalen Steinkreis umgeben. (Foto: W. Harprecht)

denn die Deklination und das so oft erwähnte Deklinationsdiagramm gibt uns ja, wie wir es mehrfach beschrieben haben, rasche Entscheidungsmerkmale und Beurteilungswerte zur Hand (vgl. Abb. 70). Die Daten und ihre mögliche himmelskundliche Deutung sind in der Tabelle 7 zusammengestellt:

Tabelle 7. *Die Meßdaten der Hünenbetten und ihre Deutung*

Steinsetzung	Azimut	Dekl.	Deutung
Visbeker Bräutigam	269,2°	0°	Tag- und Nachtgleiche Sonnenauf- oder -untergang
Visbeker Braut	218,1	−29	Mittsommer-Monduntergang
Glaner Braut	278,5	+ 5	Mondaufgang, Äquinoktium?
Glaner Braut	213	−31	Mittsommer-Monduntergang?
Kleinknetener Steine	7,8	+36	Deneb, Aufgang?
Kleinknetener Steine	51,6	+22	Datum im Sonnenkalender
Hohe Steine	101,9	− 8	Datum im Sonnenkalender

Wenn ich auch einigen der Deutungen Fragezeichen beisetzte, so haben sich wohl doch die Baumeister bei der Ausfluchtung ihrer

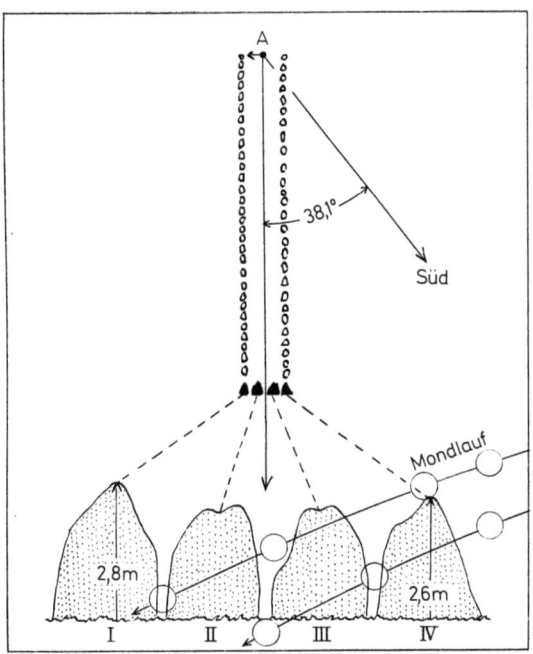

Abb. 44. Das „Hünenbett" Visbeker Braut (schematisch). Unten die 4 Abschlußsteine und der Lauf des untergehenden Mondes an Mittsommer. (Extrem: $\delta = -29°$)

Riesenbetten von himmelskundlichen Überlegungen leiten lassen. Leider liegen keine genauen Meßdaten über die zahlreichen Steingräber oder über die Orientierung zwischen ihnen vor, so daß wir uns mit den 7 diskutierten Ortungen begnügen müssen.

Die Visbeker Braut. Im Jahre 1934 hat schon D. Wattenberg [45] aufgrund von Kompaßmessungen darauf aufmerksam gemacht, daß das steinerne Bett der Visbeker Braut auf den Aufgangspunkt des Mondes in seinem größten Extrem (Dekl. = $+29°$) ausgerichtet ist. Der Befund zeigt zufriedenstellende Übereinstimmung mit der Rechnung, dennoch möchte ich der Untergangsbeobachtung den Vorzug geben. Wenn man nämlich die Orientierungsskizze der Anlage betrachtet (Abb. 44), so fallen einem sogleich die 4 Abschlußsteine auf, die, vom offenen Eingang

Abb. 45. Die 4 mächtigen Abschlußsteine der Visbeker Braut von rückwärts gesehen. (Foto: W. Harprecht)

der „Steinröhre" aus gesehen, 3 markante Visierkerben abgeben. Ich bin daher dem Gedanken nachgegangen, ob nicht die rund 80 m lange und etwa 9½ m breite Steinanlage gute Möglichkeit bot, den untergehenden Mittsommermond zu beobachten. Alle 19 Jahre erreicht ja der Mond seinen auffallend südnahen Untergang in seinem sog. Extrem (Dekl. im Jahre $-1800 = -29,1°$).

Das Ergebnis der Durchrechnung bestätigt diese Annahme aufs beste: Ein Beobachter bei A, also im Eingang der Steinsetzung, sah den untergehenden Mond dann, wie es in der Abb. 44 die untere Kurve des Mondlaufes zeigt, gerade noch zwischen den Mittelpfeilern verschwinden. Ging der Beobachter etwa in Richtung des Pfeils einige Schritte bis zum Anfang der (linken) Steinwand zu, so verschob sich das Bild. Die Himmelskundigen konnten dann — wie es der obere Mondlauf zeigt — etwa das Aufsitzen des Mondes über dem Pfeiler IV oder auch zweimal seinen Durchgang zwischen den dann folgenden Pfeilerpaaren fixieren.

Das lange Steingeviert bot so in der Tat mannigfaltige und überaus günstige Gelegenheit zur genauen Festlegung des „Stillstandes" unseres Erdbegleiters am Horizont. Wir sind an vielen Orten der sich über das nördliche Europa ausdehnenden Megalithkultur einer großen Anzahl ähnlicher Mondwarten begegnet, wo man mit bemerkenswerter Sorgfalt dem Mondlauf Aufmerksamkeit schenkte. Die Richtlage der Visbeker Braut ist daher meiner Meinung nach als ein weiterer — recht beweiskräftiger — Fall zu betrachten, wie bedeutungsvoll dem Menschen der Steinzeit der Mond als Beobachtungsobjekt war.

5. Mecklenburgs Steintänze

Besondere Schwerpunkte von Steinkreisbauten gab es in Mecklenburg, wo die Heimatforscher in früheren Zeiten mancherlei Wissenswertes über die Fundorte der noch vorhandenen oder jetzt zerstörten und verschwundenen Anlagen berichtet haben. Bei einer Durchsicht der Veröffentlichungen des sehr rührigen Heimatbundes Mecklenburg aus weit zurückliegenden Jahren, die an sich bestimmt recht unvollständig sein mag, fand ich, daß es allein im Raum um Schwerin früher etwa 30 Steingehege gab. Die Durchmesser der Kreise oder Kreisnester betrugen nach den Berichten zwischen etwa 7—16 m. Heute sind sie fast alle verschollen oder es sind nur noch spärliche Reste von ihnen vorhanden. Man erfährt Wissenswertes über die Lage auch ehemaliger Steinkreise und über die mit ihnen verknüpften Sagen mit viel Literaturhinweisen z. B. bei R. Beltz [3] und J. Becker [2]. Vermessen sind, soweit ich feststellen konnte, nur wenige, unter ihnen der „Steintanz" von Boitin (14 km südwestlich von Güstrow), dem man wegen seiner angeblich himmelskundlichen Ausrichtung besondere Beachtung schenkte. Von dieser Anlage haben wir bereits auf S. 45 gesprochen, weil sie durch die eiförmige Konstruktion ihrer Kreise auffiel. Es scheint überhaupt in dieser Gegend Mode gewesen zu sein, bei dem Aufbau der Steindenkmäler bewußt von der Kreisform Abstand zu nehmen. An dieser Stelle wollen wir nun der Frage nachgehen, ob in den wenigen Steinkreisen, bei denen Pläne oder Vermessungsunterlagen vorliegen, Spuren himmelskundlicher Ausrichtung vermutet werden können.

Der „Steintanz" von Boitin. Diese aus 4 Steinkreisen bestehende Anlage erregte einst erheblich die Gemüter, als im Jahre

1928 W. Timm einen Aufsatz unter dem Titel „Mecklenburgs Steintanz. Eine 3000 Jahre alte Sternwarte" veröffentlichte [44]. Im Jahre 1931 entschloß ich mich in Hinblick auf die anscheinend ja bedeutsame Entdeckung der Sache auf den Grund zu gehen. Ich packte den Reisetheodoliten, das Meßband und einen mir vom Vermessungsrat P. Stephan freundlicherweise zur Verfügung gestellten Maßplan der Steinkreise in meinen Koffer und reiste nach Boitin. Meine Vermessung an Ort und Stelle [29] brachte eine Enttäuschung, denn es stellte sich heraus, daß eine der Hauptrichtungen von W. Timm anscheinend recht über den Daumen hin angepeilt war, sie wies nämlich einen Fehler von 10° auf.

Fällt damit die von W. Timm geäußerte Behauptung, wonach der Steintanz von Boitin eine Kultstätte von weitgehender astronomischer Bedeutung gewesen sei, in sich zusammen? Betrachten wir zur Beantwortung dieser Frage die Abb. 46, die den Aufriß der 3 Steinkreise (I—III) zeigt. Ein 4. Kreis, auch „Kleiner Steintanz" genannt, liegt ungefähr 170 m vom Kreis I entfernt. W. Timm behauptete nun, daß die Richtung von I über III nach dem 4. Steinkreis den Sonnenaufgang der Wintersonnenwende anzeigt. Diese Aussage ist, wie gesagt, falsch, denn der Mittwinter-Aufgang weist vom Kreis I aus in die in der Abb. 46 mit WiSoWe bezeichnete Richtung.

Meiner Meinung nach kann aber, trotz der unzutreffenden Auslegung von W. Timm, die Möglichkeit einer himmelskundlichen Ausrichtung der Anlage nicht von der Hand gewiesen werden. In meiner Veröffentlichung über die Boitiner Steinkreise (l.c.) habe ich bereits auf die auffallende fast genaue Nord-Südorientierung der Kreise I und II hingewiesen und bei vorsichtiger Stellungnahme erwähnt, daß die durch den Doppelstein betonte Hauptrichtung möglicherweise als Mondortung angesprochen werden kann. Ich möchte diesen Gedanken insofern erneut aufgreifen, weil nach meinen früheren Ausführungen auf S. 48 zweifellos dem Punkt A besondere Bedeutung zukommt. Ich glaube, in ihm muß man den Beobachtungsplatz sehen und auf ihn müssen sich die Untersuchungen beziehen. Die Vermessung ergab in bezug auf die Konstruktionspunkte der 3 Kreise, das sind nicht die früher angenommenen Mittelpunkte, die in der Tabelle 8 aufgeführten Daten. (Gerechnet mit der geogr. Breite 53,8°, der Horizontalparallaxe

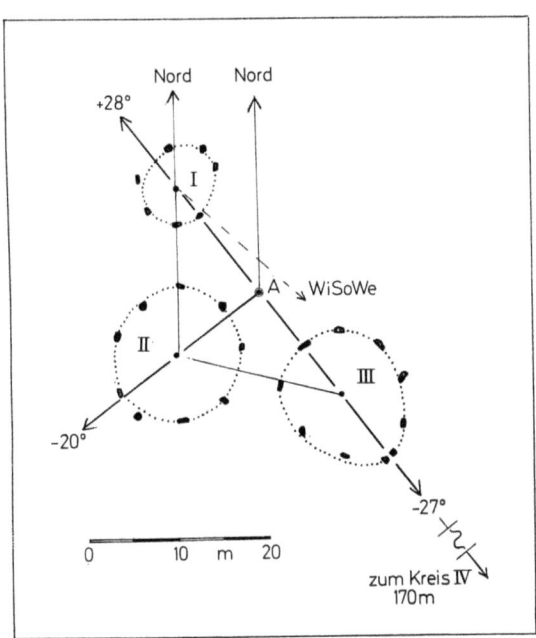

Abb. 46. Zur himmelskundlichen Ausrichtung des Mecklenburgischen „Steintanzes" bei Boitin

Tabelle 8. *Zur Mondortung in Boitin*

Richtung	Vermessung Azimut	Dekl.	Soll −1800
A—I	322°	+28°	+29°
A—II	232	−20	−19
A—III	142	−27	−29
I —II	180	0	0
II—III	keine Deutung		

$p = 1{,}0°$ und Berücksichtigung der Horizonthöhen und Strahlenbrechung.)

Die Gegenüberstellung, bei der ich mich wegen der Rekonstruktion mit der Rechnung auf volle Grade begnügte, erhärtet die schon früher von mir (l.c.) vorgetragene Vermutung, daß wir es in

Boitin mit Mondortungen zu tun haben. Alle 3 Kreise finden ihre Deutung, denn man konnte von *A* aus Mondauf- und -untergang im größten Extrem (Dekl. ±29°) und auch den Mondaufgang in seinem kleinsten Extrem (Dekl. —19°) beobachten. Erwähnt sei noch, daß sich früher in der Nähe des Steintanzes „zwei auffallende Steine befanden, die vor über 100 Jahren in der Scheune des Bauern Göllnitz in Boitin vermauert wurden"! Sicherlich handelte es sich hier um die so oft anzutreffenden „Ausleger", die gerne als Visuren benutzt wurden. Da jedoch ihre Lage nicht mehr bekannt ist, müssen wir uns mit dem geschilderten und gewiß beachtenswerten Befund begnügen.

Der Doppelkreis von Klopzow. Von diesem interessanten mecklenburgischen Kreis ist heute keine Spur mehr vorhanden, die Steine wurden im Jahre 1894 „abgefahren", und die Stelle ist heute beackert. Glücklicherweise ist aber eine Zeichnung aus dem Jahre 1864 von diesem „heidnischen Opferplatz" überliefert, der nach dem zeitgenössischen Bericht „sehr wohl mit sämtlichen Steinen in ursprünglicher Lage" erhalten war [11]. Der Zeichenplan (Abb. 47) ist einer Untersuchung wert, zumal auf ihm — wenn auch roh — die Himmelsrichtung vermerkt war. Als Maße haben die Planzeichner für den Steinkreis eine Länge von 10 Schritt und eine Breite von 9 Schritt angegeben. Die Länge des großen Steines bestimmten sie zu 8 Fuß. Rechnet man die Schrittlänge zu 0,80 m und 1 Preuß. Fuß zu 0,31 m, so stimmen die Maße in sich überein und man erhält für die Anlage eine Länge von rund 8 m und eine Breite von 7 m.

Der Doppelkreis zeigt Merkmale eines sorgfältigen Aufbaues, wobei die Erbauer dem Bauplan eine gut gelungene elliptische Form zugrunde legten. Diese Art der Konstruktion, die von hoch entwickelten geometrischen Kenntnissen spricht, ist uns ja bereits im britischen Kulturkreis begegnet (s. S. 43), und es ist interessant, sie in dieser vollendeten Gestaltung auch im Ostseeraum anzutreffen. Beachtenswert ist auch die betonte Größenauswahl der Steine, die von „Eingang" *E* aus anwachsen, sowie auch der abgeplattete Abschluß der Steinsetzung. Die Orientierung des Platzes verläuft von SO nach NW, was einem Azimut von 315° entspricht. Da der Steinkreis nach dem sehr sorgfältig abgefaßten Bericht „nach Nordwesten zu 2 Fuß über seine Umgebung erhaben ist", gewinnt

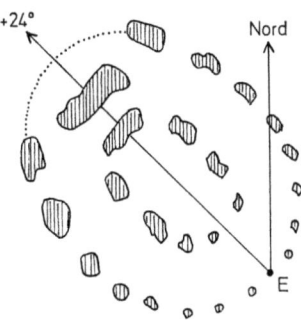

Abb. 47. Der Mecklenburgische Doppelkreis von Klopzow nach einem Plan von L. Fromm und C. Struck aus dem Jahre 1864

man auch einen Anhalt über das Horizontbild, d. h. man darf die Höhe $h = 0°$ setzen. Mit dem Azimut = 315°, der $h = 0°$ und der geographischen Breite = 53,5° ergibt die Rechnung, daß die Hauptrichtung des Doppelkreises mit einer Deklination von nahezu genau +24° ehemals auf den Untergang der Sonne zur Zeit der Sommersonnenwende zielte. Erwähnt seien hier noch die „Sieben Steine von Spornitz" (Kreis Schwerin), ein eiförmiger Steinkreis, der nach einem älteren Plan Ost-West orientiert ist [3]. Ein in geringer Entfernung westlich von ihm liegender Auslegerstein könnte hier eine genaue Ortung auf die Tag- und Nachtgleichen markiert haben.

6. Die Steinkreise von Odry

Außer den Steinkreisen Mecklenburgs gibt es solche in Pommern und in Westpreußen, wo sie also bis ins polnische Gebiet nachweisbar sind. Aber auch hier liegen nur spärliche Nachrichten vor, da die alten Bauten meist zerstört sind. Im ehemaligen Westpreußen liegt am Rande der Tucheler Heide die große Steinsetzung von Odry. Von ihrem Aufbau und den sorgfältig abgezirkelten Kreisen, deren Durchmessern ein Grundmaß zugrunde liegt, war schon auf S. 36 die Rede. Hier möchte ich nun auf die himmelskundliche Ausrichtung der großen Anlage zu sprechen kommen, die durch den Grundrißplan (Abb. 48) erklärt werden soll.

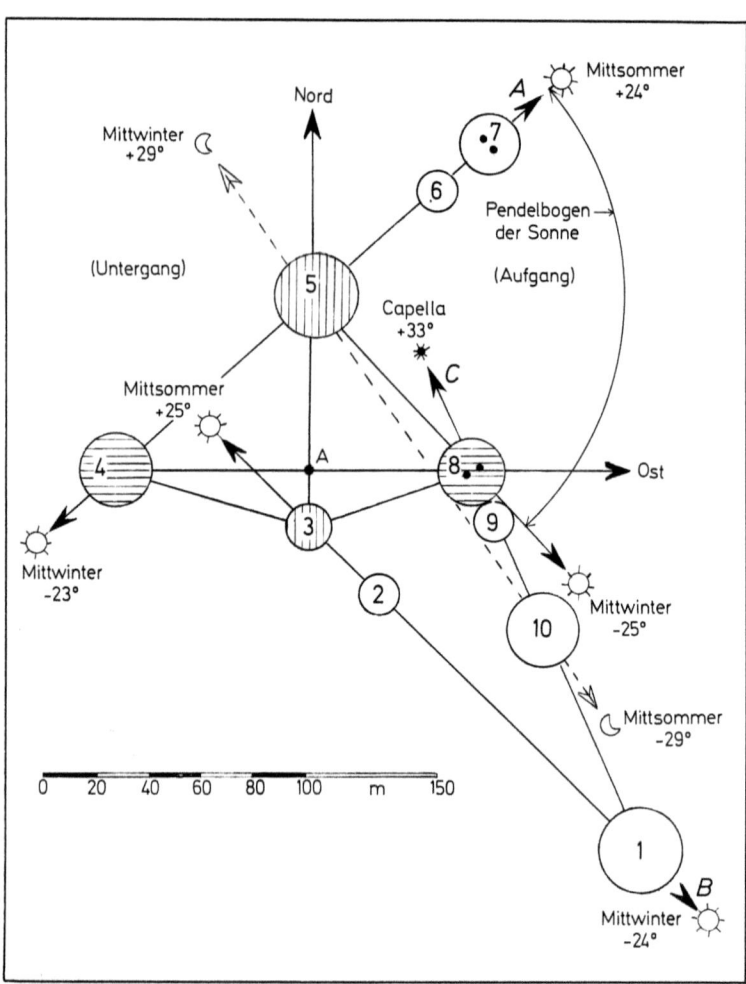

Abb. 48. Bei der astronomischen Ausrichtung der Steinkreise von Odry (ehemaliges Westpreußen) spielen die schraffiert hervorgehobenen „Stationskreise" eine besondere Rolle. Die Kreise 2, 4 und 6 enthalten Hügelgräber

In den früheren Arbeiten von P. Stephan [36] und Rolf Müller [28], die von diesem Steinkreisgehege handelten, standen lediglich die 3 Hauptrichtungen *A*, *B* und *C* zur Diskussion, die beide Autoren für himmelskundlich ausgerichtet erklärten. Neue Gesichtspunkte ergeben sich, wenn man dem auffallenden Merkmal der Orientierung der 4 schraffiert hervorgehobenen Kreise 3, 4, 5 und 8 Aufmerksamkeit schenkt. Die 4 Kreise wurden mit großer Genauigkeit in die Haupthimmelsrichtungen gelegt, wobei die Abweichung Ost-West nur 0,3° und Süd-Nord 0,9° beträgt. Sie sind gewissermaßen das Gerüst der astronomischen Beobachtungswarte, über die ich mir heute folgende Vorstellungen mache:

1. Sicherlich ist Kreis 5 ein wichtiger Beobachtungsstand gewesen, denn von hier aus konnte man durch die Visuren der Doppelsteine Sonnenaufgänge zur Zeit der Sommer- und Wintersonnenwende beobachten. Die Abgrenzung zwischen diesen beiden Sonnenständen wurde in der Abb. 48 durch den Bogen gekennzeichnet, auf dem die Sonne im Laufe eines Jahres hin- und herpendelt. Vom Kreis 5 konnte man auch in Richtung 4 die untergehende Sonne an Mittwinter beobachten.

2. Die Zwischenzeiten, die Tag- und Nachtgleichen, an denen die Sonne im Osten auf- und im Westen unterging, waren bequem wieder mit Hilfe zweier Steinkreise unseres „Stationsvierecks" von Punkt *A* aus festzulegen.

3. Von Kreis 3 aus weist die Richtung nach Südosten zum Kreis 1, in dessen Mitte früher vielleicht eine Doppelsteinvisur stand, die einem heute hier hindurchführenden Feldweg weichen mußte? Hier haben wir es mit einer Ortung auf den Mittwinteraufgangspunkt der Sonne zu tun.

4. Die vom Kreis 1 aus zum Doppelstein des Kreises 8 zielende Linie erweist sich als eine Ortungslinie auf den Stern Capella, die hier um das Jahr —1760 ihren Untergang hatte. Die mit dieser Vermessung gewonnene Datierung bestätigt die Annahme der Archäologen, nach der die Steinkreise der ausgehenden Steinzeit oder dem Anfang der Bronzezeit angehören.

5. Es scheint möglich, daß von der Sonnenwarte Odry aus auch Mondbeobachtungen durchgeführt wurden, denn die gestrichelt gezeichnete Verbindungslinie zwischen den Kreisen 5 und 10 konnte

sehr wohl zur Festlegung der Mondextreme im Aufgang nach Norden zu sowie in südlicher Richtung im Untergang benutzt werden.

Eine Zusammenstellung der Meßdaten und der aus ihnen gerechneten Deklinationen (Tabelle 9) unterrichtet uns auch in der letzten Spalte über die verhältnismäßig geringen Abweichungen zwischen dem Befund (Rechnung) und dem „Soll" für das Jahr 1800 v. Chr. (Rechnung mit Berücksichtigung der Strahlenbrechung und beim Mond mit der Horizontalparallaxe, geographische Breite = 53,9°.)

Tabelle 9. *Die Steinkreise von Odry. Meßdaten, Rechendaten und Abweichungen*

Linie von— nach	Höhe h	Azimut von N über 0	Deklination gerechnet	Jahr −1800	Abweichung	
A—8	0,0°	270,3°	− 0,1°	0,0°	0,1°	Äquinok-
A—4	0,7	90,3	+ 0,2	0,0	0,2	tium
5—7	0,1	48,1	+23,1	+23,9	0,8	
5—4	0,1	228,1	−23,3	−23,9	0,6	
1—3	0,1	316,4	+25,2	+23,9	1,3	Solstitien
3—1	0,6	136,4	−24,6	−23,9	0,7	
5—8	0,9	138,4	−25,3	−23,9	1,4	
10—5	0,0	326,5	−28,3	−29,1	0,8	Mond
1—8	0,1	337,2	+32,8	+32,5	0,3	Capella

7. Die Externsteine

Wenn wir die im Raum zwischen Detmold und Horn gelegenen und viel umstrittenen Externsteine in den Kreis unserer Betrachtung ziehen, so müssen zwei wichtige Tatsachen betont hervorgehoben werden: Einmal nämlich ist die vorchristliche Geschichte der Externsteine bis heute in Dunkel gehüllt, so daß wir keine sichere Aussage zur Datierung machen können. Weiter handelt es sich bei den Externsteinen nicht um eine Steinsetzung von Menschenhand, wie sie uns bei allen anderen hier beschriebenen Anlagen entgegentrat, sondern um eine natürliche Felsengruppe. Sicherlich entbehrt diese nicht einer besonderen Eigenart, und ihre Lage konnte sehr wohl dazu reizen, von hier aus astronomische Beobachtungen auszuführen. Man müßte es geradezu als ein Wunder betrachten,

Abb. 49. Die Externsteine. In das Turmzimmer auf dem höchsten Felsen führt heute ein Brückensteg. (Foto: E. v. Streit)

wenn der Mensch der Vorzeit sich nicht der Felsen dieses Naturdenkmales als Beobachtungswarte bedient hätte.

Wenn man heute die Externsteine besucht, trifft man auf ein vom Autoverkehr verschontes parkartiges Gelände, das die Kulisse der 4 aufragenden Hauptfelsen imponierend abschließt. In dem kleinen Führer, der dem Besucher feilgeboten wird, erfährt man manch Wissenswertes über dieses Kulturdenkmal. Vor allen Dingen zieht einen das schöne Relief der Kreuzabnahme Christi in seinen Bann.

Bedauert habe ich es jedoch, daß das Führungsfaltblatt es geradezu ängstlich vermeidet, die Ergebnisse der Grabungen an den Externsteinen und die von den Astronomen vorgebrachten Anschauungen über die himmelskundlichen Beobachtungsmöglichkeiten vom höchsten Turmfelsen II aus zu erwähnen. Zwar wird in dem Externsteine-Führer gesagt, „daß diese im Waldesdunkel geheimnisvoll aufragenden Felsen auf den Menschen der Frühzeit sicherlich nicht ihre Wirkung verfehlten, so daß man sich hier den Göttern nahe fühlte und ihnen opferte". Es wird aber einschränkend sogleich vermerkt, daß die Vorgeschichts-Kunstgeschichts- und Geschichtsforschung nicht bestätigen konnte, daß die Externsteine ein heidnisches Heiligtum gewesen seien. Ich bin der Meinung, daß erst einmal die abgebrochenen Grabungen fortgesetzt werden sollten, ehe man so schlüssig diese Frage beiseite schiebt. Bisher ist ja erst die Vorderseite teilweise erforscht; man darf aber wohl vermuten, daß auf der Rückseite der Externsteine noch Trümmer der zerstörten Felsräume liegen, die noch nicht aufgedeckt wurden.

Als Astronom sehe ich bei der Besprechung der Externsteine meine Aufgabe darin, sine ira et studio nach den von mir hier vorgenommenen Vermessungen herauszustellen, was vom Standpunkt des Befundes himmelskundlich von Interesse sein könnte. Von dieser Sicht aus spricht doch manches dafür, daß in der Vorzeit die Externsteine einfach naturgegeben den Menschen zur Beobachtung der Gestirne aufforderten.

Das Turmzimmer. Im höchsten Felsen erregt das Turmzimmer — obere Kapelle oder Sazellum genannt — durch das an seiner Frontseite kreisrund durch den Fels gebrochene Loch Interesse (Abb. 50). Dieses kleine „Sonnenfenster" — wie man es nannte — hat einen Durchmesser von 37 cm und gibt dem Raum eine besondere Eigenart. Es lag nahe, dieses etwas über Augenhöhe liegende Loch als Visur anzusprechen, zumal die Raumlage, die etwa nach Nordosten weist, auf die in der Vor- und Frühzeit so zahlreich unter Beobachtung stehenden Wendepunkte von Sonne und Mond gerichtet ist.

W. Teudt, der im Jahre 1931 erstmalig auf eine mögliche astronomische Ausrichtung des Turmzimmers aufmerksam machte [38], vertrat die Ansicht, daß die Linie I, die ich in der Grundrißzeichnung Abb. 51 einzeichnete, von der hinteren Nische des Turmzimmers mitten durch das Rundfenster als Sonnenortungsrichtung anzusprechen sei. Daran knüpfte er die Vermutung, daß man vom Turmzimmer aus nicht nur alljährlich den Aufgang der Sonne an Mittsommer, sondern auch den allneunzehnjährigen Mondaufgang in seiner nördlichsten Stellung beobachten konnte.

Die Vermessung. Welche Stellungnahme darf man nun aufgrund der geodätischen Vermessung dazu einnehmen? Nun, das Azimut der Teudtschen Ortungslinie I beträgt nach meinen Feststellungen 40,8 Grad. Der zu erwartende Aufgangspunkt der

Abb. 50. Das „Sonnenloch" im Turmfenster der Externsteine. (Foto: E. v. Streit)

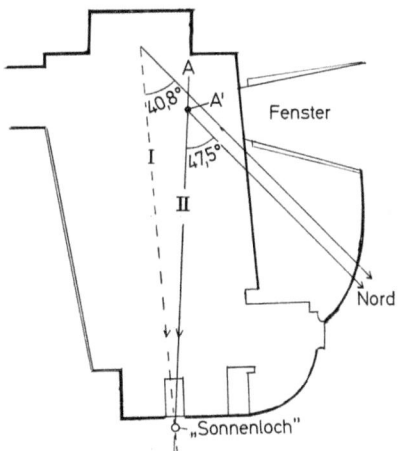

Abb. 51. Zur Ortungsfrage an den Externsteinen. Grundriß des Turmzimmers (Sazellum) auf Fels II. A' Standpunkt des Theodoliten

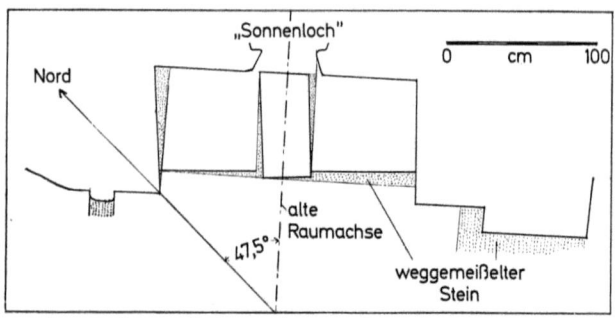

Abb. 52. Zur Rekonstruktion und Ermittlung der früheren Raumgestaltung des Turmzimmers auf dem Felsen II der Externsteine. (Nach A. Franssen)

Sonne an den Externsteinen in der Sommersonnenwende — nennen wir ihn das Soll — liegt heute beim Azimut 48,4° und um das Jahr 2000 v. Chr. bei 47,6°. Zwischen diesem Soll und dem Vermessungsbefund besteht also eine Abweichung von rund 7°, es kann sich also hier nicht um eine Sonnenwendortung handeln. Dagegen könnte man an eine Mondortung denken, allerdings beträgt hier die Abweichung immerhin gut 1½°; das kann man noch tragbar nennen, wenn auch die Abweichung verhältnismäßig groß ist. Tritt aber der Beobachter nur einen knappen Schritt nach links (nach Osten zu), so erblickt er den aufgehenden Mittwintermond mitten im Visierloch.

Nun glaubte A. Franssen feststellen zu können, daß das Turmzimmer vor dem Umbau zu einer christlichen Kapelle andere Raumdimensionen aufgewiesen habe [10]. Die Rekonstruktionsversuche, die sich vornehmlich auf die frühere Gestaltung der Nordost-Nische beziehen, ergeben als Hauptrichtung des als frühgeschichtlich anzusprechenden Raumes eine „alte Raumachse", die in bezug auf das kleine Rundfenster in der Abb. 51 mit Linie II bezeichnet ist. (Man betrachte zur Gestaltung des alten Raumes auch die Abb. 52.) Meine Vermessung ergab für diese nun zur Diskussion gestellte alte Raumachse ein Azimut von 47,5°. Wenn also ein Beobachter etwa von der Nischenecke bei *A* aus zum Visierloch blickte, so sah er die an Mittsommer aufgehende Sonne nahezu mitten in dem kreisförmigen „Sonnenloch". Es ergibt sich also von diesem Standpunkt aus vorzügliche Möglichkeit, den Sonnenwendtag recht genau zu fixieren. Hier möchte ich noch auf einen Besuch zu sprechen kommen, den ich an einem frühen Morgen um die Mittsommerzeit den Externsteinen abstattete. Blutrot war die Sonne aufgegangen, und ich erlebte das wirklich eindrucksvolle Schauspiel, als dann unser Tagesgestirn mitten im Sonnenloch stand und mit ihren Strahlen das runde Fenster füllte.

Kritik und Ergebnis. Man hat den Einwand erhoben, daß diese beiden Lösungen — ich meine die Sonnen- und Mondortung — insofern widerspruchsvoll seien, weil man doch nicht wechselnd mal von einer Stätte der Sonnenbeobachtung oder Sonnenverehrung, dann aber wieder von einem Mondheiligtum sprechen könne. Ich sehe hierin keinen Widerspruch und möchte meine Stellungnahme zu der so heiß umstrittenen Frage um die himmelskundliche Ausrichtung an den Externsteinen so formulieren:

Das Turmzimmer bot — völlig abgesehen von der Frage, ob und wie es ehemals gestaltet war — gerade wegen seiner natürlichen Lage in Richtung zum nordöstlichen Himmelsrand einzigartige Möglichkeit zur Beobachtung der Mittsommersonne und des alle 18,6 Jahre um die gleiche Zeit wendenden Mittwintervollmondes (nördliches Mondextrem). Das kreisrunde Loch eignete sich dabei vorzüglich zur genauen Fixierung der Gestirnsstände.

Ich habe schon früher [27] darauf hingewiesen, daß es weit weniger auf die strenge Visur, also die genaue Azimutstellung ankommt, man vergißt sonst das Wesentliche, nämlich das zu den Dimensionen des Turmzimmers so verhältnismäßig enge kreisrunde Loch. Im Faltblatt für die Externsteinbesucher wird diese Durchbrechung der Wand nur kurz als runde Fensteröffnung angesprochen. Ich halte sie nicht schlechthin für ein Fenster, sondern, wie bereits erwähnt, für eine Visur.

Ich begegnete der Beobachtungsmethode, mit Hilfe solcher Fenster den Sonnenstand zu bestimmen, bei der Bearbeitung von Kalenderaufzeichnungen, die die deutsche Hindukusch-Expedition unter Führung von Professor W. Lentz heimbrachte [25]. Hier berichteten Herrn Lentz seine Gewährsleute, daß man das 2—3-tägige Sitzen der Sonne um die Zeit der Wenden durch ein Loch in der Mauer abschätzte oder durch solche Fenster das einfallende Licht auf der gegenüberliegenden Zimmerwand kontrollierte. Teudt verfolgte den gleichen Gedanken, indem er die Aufmerksamkeit darauf lenkte, daß die Strahlen von Sonne und Mond durch das Sonnenloch bei den Externsteinen in den hinteren Teil des Turmzimmers fielen.

Ein Punkt, der bei der Diskussion des Reliefs der Kreuzabnahme meist nur beiläufig erwähnt wird, verdient noch Beachtung: Dem Astronomen fällt bei der Betrachtung der wundervollen Plastik sofort auf, daß beiderseits des Kreuzbalkens links ein Bild der Sonne und rechts das des Mondes herausgearbeitet wurde. Bei der Darstellung einer Kreuzabnahme Christi ist dies zweifellos ein ungewöhnliches Motiv, und so scheint mir der Gedanke gar nicht so abwegig, daß die Abbildung der Hauptgestirne des Himmels auf früher hier getätigte Sonnen- und Mondbeobachtungen hinweisen soll? Es handelt sich hier insofern um eine merkwürdige Darstellung der beiden Himmelskörper, weil sie halb von Tüchern bedeckt sind. Man hat die Vermutung geäußert, daß diese Verhüllung der Gestirne an Finsternisbeobachtungen erinnern sollte, ich halte dies aber für eine recht gesuchte Erklärung und möchte sie ablehnen. Weit einleuchtender scheint mir die ebenfalls geäußerte Ansicht, daß der Künstler das Gesicht von Sonne und Mond verhüllte, weil er mit dem Einzug des Christentums an den Externsteinen sozusagen symbolisch die alte und sicherlich in der Erinnerung noch lebendige Gestirnsbeobachtung und -verehrung im wahrsten Sinne des Wortes in den Schatten rücken wollte? Die Fragezeichen sollen zum Ausdruck bringen, daß es sich hier um Deutungen handelt, Deutungen, die gerade an den Externsteinen, von Heißspornen vorgetragen, jede sachliche Auseinandersetzung zunichte gemacht haben, so daß es zu einer krampfhaften, ja feindlichen Versteifung der Ansichten gekommen ist. Vielleicht kommt auch der meines Wissens noch nicht vorgetragenen Erklärung Berechtigung zu, daß der Bildhauer bei der Gestaltung der verhüllten Gestirne an den Bericht des Matthäus-Evangeliums Kap. 27, Vers 45 dachte, der da lautet:

„Und von der sechsten Stunde an ward eine Finsternis über das ganze Land bis zur neunten Stunde."

Der vom Landesverband Lippe in Verbindung mit dem Naturwissenschaftlichen und Historischen Verein für das Land Lippe herausgegebene Führer „Die Externsteine" verschweigt den Namen

Teudts, die Geschichte der Externsteine beginnt in diesem Faltblatt erst mit der Christianisierung. Teudt kann aber das Verdienst in Anspruch nehmen, die Aufmerksamkeit auf die Möglichkeit himmelskundlicher Beobachtungen an den Externsteinen gelenkt zu haben; ein Gedanke, der von Teudt zwar mit nicht allzu großer Sachkenntnis behandelt wurde, den ich hier aber versucht habe ins rechte Licht zu rücken. Sicherlich war Teudt ein Phantast, der in der Folgezeit Hirngespinsten nachging und völlig unsinnige und unhaltbare himmelskundliche Anschauungen verbreitete. Muß man deswegen heute seinen Namen an den Externsteinen tilgen?

Schwarmgeister. In den letzten Jahren hat es sich ein „Arbeits- und Forscherkreis für die Vor- und Frühgeschichte der Externsteine" zur Aufgabe gemacht, die Vergangenheit der großen Kultstätte im Teutoburger Wald zu ergründen. In den von diesem Arbeitskreis herausgegebenen Heften „Die Externsteine" [8] sind manche begrüßenswerte Beiträge zur Heimatforschung und auch zur Frage der himmelskundlichen Ortung zu finden, doch geht meiner Meinung nach die Grundeinstellung der Aufsätze von völlig überspannten und grotesk phantastischen Gedankengängen aus, die ebenso wie die schon von W. Teudt für die weitere Umgebung der Externsteine aufgestellten astronomischen Mutmaßungen wissenschaftlich nahezu restlos abzulehnen sind. Die Zeitschrift der „Schwarmgeister", wie man ihre Anhänger bereits titulierte, schadet trotz des erfreulichen und z. T. auch erfolgreichen Bemühens meiner Ansicht nach der Sache weit mehr, als sie ihr nützt.

8. Das Steingehege bei Caithness eine „Übungsanlage"

Es gehörte früher zum Lehrplan des angehenden Astronomen, sich an einer Übungssternwarte mit den Fernrohren, ihrer Aufstellung und ihren Meßkreisen vertraut zu machen und am nächtlichen Sternhimmel Beobachtungen auszuführen. Vielleicht hat auch der Mensch in der Steinzeit derartige Übungsplätze in Gebrauch gehabt, an denen die Gelehrten, die ja ihr Wissen den nachfolgenden Generationen weitergaben, die Feldmeßkunde in den Dienst der himmelskundlichen Beobachtung stellten. Der Gedanke scheint weit hergeholt zu sein, und doch könnte man einige merkwürdige Steingehege im nördlichen Schottland als Übungsanlagen ansprechen.

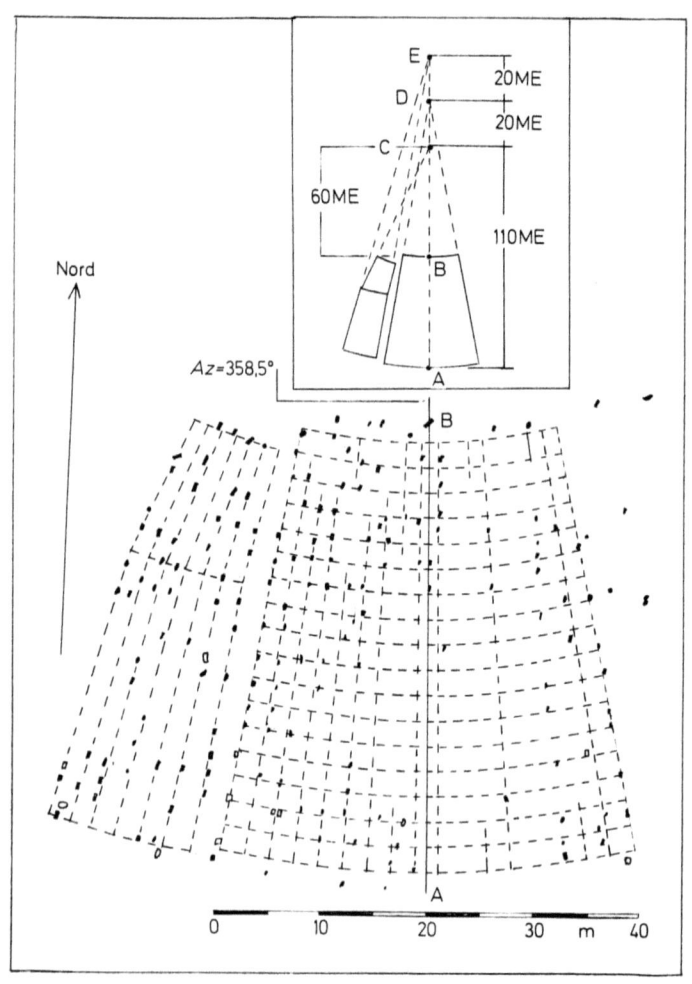

Abb. 53. Die Steinreihen bei Mid Clyth im nördlichen Schottland. (Nach A. Thom)

An 1. Stelle müssen hier die Steinreihen von Mid Clyth hoch im Norden Schottlands ($\varphi = 58{,}3°$; $l = 3{,}2°$ östl. Greenwich) genannt werden, die nach einem Plan von A. Thom [42] in der Abb. 53 gezeigt werden. Die fächerartig verlaufende Anlage bestand aus einem Hauptfeld mit ursprünglich 18 nahezu von Süd nach Nord verlaufenden Steinreihen, dem sich auf beiden Seiten 2 Steinfelder mit je 7 Reihen anschlossen. Nur das westliche Nebenfeld ist noch erhalten, während das östliche fast restlos einem Straßenbau zum Opfer fiel. Die Anlage erinnert an die großen Steinpfeilerreihen der Bretagne, nur sind hier die Dimensionen — und das gilt auch für 3 weitere schottische Steinpfeileranlagen — weit kleiner.

Himmelskundlich von Interesse ist zunächst, daß die Symmetrieachse AB des Hauptsektors mit einem Azimut von 358,5° nahezu Süd-Nord verläuft. Im geometrischen Aufbau treten 2 auffallende Merkmale hervor: Verlängert man nämlich die Hauptlinienzüge des Fächers nach Norden zu, wie dies in der schematischen Nebenzeichnung der Abb. 53 geschehen ist, so ergeben sich auf der verlängerten Symmetrieachse AB die 3 Schnittpunkte C, D und E. Ihre Entfernungen weisen ganzzahlige Werte der megalithischen Elle auf, nämlich 20, 20 bzw. 110 ME. Mit dem 2. geometrischen Befund hat es folgendes auf sich: A. Thom hat in dem Plan des Hauptfeldes nicht nur das Netz der leicht fächerartig nach Norden zu verlaufenden Längsreihen eingezeichnet, sondern auch ein Netz der bogenförmig verlaufenden Querlinien, die sich am besten den noch stehenden Steinpfeilern anpassen. Eine rechnerische Analyse, bei der 110 Steine des Hauptfeldes berücksichtigt wurden, ergab mit großer Wahrscheinlichkeit, daß die Netzbreite der Anlage etwa 2,35 m betrug. Wenn man sich vor Augen hält, mit welchem Bemühen die Geometer der Vorzeit ganzzahlige Werte bevorzugten, so scheint es denkbar, daß man bei der Steinsetzung von Mid Clyth 20 megalithische Ellen durch 7 teilte, was praktisch dem obigen Befund entspräche. Freilich ist dies nur eine Hypothese, aus der man weiter folgern könnte, daß wir damit auf eine neue Maßzahl gestoßen sind, in der allerdings das ursprüngliche Grundmaß (1 ME = 0,829 m) enthalten ist.

Die astronomische Bedeutung von Mid Clyth. Der Fächer der Steinreihen hat seinen „Drehpunkt" nach Norden zu im Punkt E. Es lohnt sich nun der Frage nachzugehen, wohin seine verschiedenen divergierenden Längsseiten zielen? Wir werden auf S. 136 erfahren, welche Bedeutung der Nordpunkt für die Zeitabnahme mit den sog. „Uhrsternen" hatte. Die Abb. 54 zeigt uns, wie es mit den

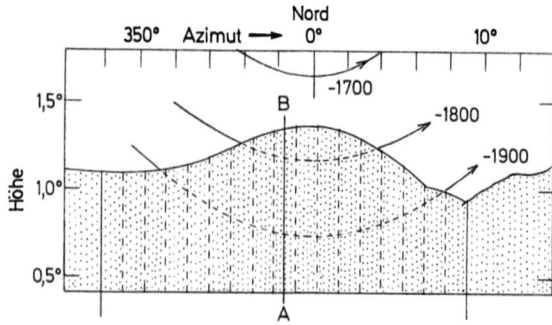

Abb. 54. Verlauf der unteren Konjunktion von Capella bei den Yarrows Hügeln wie ihn ein Beobachter von dem Steingehege Mid Clyth aus sieht. (Nach A. Thom)

Horizontverhältnissen am nördlichen Himmelsrand (von Mid Clyth aus gesehen) beschaffen ist. Hier wölbt sich ein flacher Bergrücken, dessen höchste Kuppe der Uhrstern Capella etwa um das Jahr 1760 v. Chr. in seiner unteren Kulmination berührte. In der Abb. 54, die insofern schematisch ist, weil der Anschaulichkeit halber der Höhenmaßstab 10mal so groß gewählt wurde wie der des Azimutes, sind die Zielrichtungen der 18 Längsreihen eingezeichnet. Man erkennt, welche Mannigfaltigkeit von Beobachtungsmöglichkeiten sich während des unteren Kulminationsverlaufes von Capella ergaben. In der Abb. 54 ist der Lauf des Sternes für die Zeitepochen 1900, 1800 und 1700 v. Chr. eingetragen.

Dies gilt natürlich nicht nur für das besonders eindrucksvolle Schauspiel bei dem um —1760 der Stern praktisch einige Jahre lang sozusagen auf dem Bergrücken aufsaß. Davor, im Jahre —1800, hatte Capella im Westen seinen Untergang, dem 1/2 Std danach im Osten der Aufgang folgte. (Im Jahre —1900 blieb Capella rund 1 Std hinter dem Berg verschwunden.) Es spricht vieles dafür, daß die Himmelskundigen ihre Beobachtungen von Mid Clyth aus bereits vor dem Jahre 1900 v. Chr. aufgenommen haben. Rund 200 Jahre lang gaben die Steinreihen mit ihren Peilrichtungen den Sternkundigen gute Gelegenheit, nicht nur den tiefsten Stand der Capella zu bestimmen, sondern auch viele Stunden der Nacht abzulesen. Das mag bis zum Jahre 1700 v. Chr. gelten, betrug doch dann die Höhe des Sternes über dem Horizont in seiner unteren Kulmination nur etwa $1/2$ Mondbreite.

Es gibt im nordwestlichen schottischen Hochland noch 3 weitere Anlagen, die sich durch strahlenförmige oder parallele Steinreihen auszeichnen, und die ebenso wie Mid Clyth Gegenstand der Untersuchung gewesen sind. Trotz ihres zerfallenen Zustandes, ergaben die Untersuchungen Hinweise darauf, daß auch bei ihrem Aufbau das Grundmaß der megalithischen Elle benutzt wurde. Ich verweise auf die Originalarbeiten mit ihren Plänen [42].

9. Tausend und mehr Steine in der Bretagne

Die Steinreihen und ihre himmelskundliche Ausrichtung. Die südliche Bretagne weist die gewaltigste Anhäufung vorgeschichtlicher Anlagen auf, unter denen besonders die wie Soldaten ausgerichteten Steinpfeilerreihen (Alignments) jährlich viele Tausende von Besuchern anlocken. Ein Besuch dieser megalithischen Denkmäler lohnt sich wahrhaftig. Eine lebendig geschriebene Darstellung und zugleich ein Führer durch die Menhire, Gräber und Steinalleen wurde kürzlich von dem Vorgeschichtsforscher W. Hülle herausgegeben [18]. Viele Sagen ranken sich um die bis zu Hunderten von Metern zumeist parallel verlaufenden Reihen, bei denen manchmal mehr als 10 gleichlaufende Steinzüge in einem Gehege anzutreffen sind.

Das Kartenbild (Abb. 55) zeigt die zerklüftete Atlantikküste der südlichen Bretagne, in der jene Steinalleen oder Dolmen (Ganggräber) eingezeichnet sind, die auffallende Merkmale einer himmelskundlichen Ausrichtung aufweisen. Die Aufstellung der Steine entspricht heute wohl nur in seltenen Fällen dem ursprünglichen Zustand, manche wurden zertrümmert, viele lagen am Boden und waren damit größerer Verwitterung ausgesetzt, und Hunderte mögen als Baumaterial geplündert worden sein. Wieder andere standen der Feldbestellung im Wege, oder die Steine der Vergangenheit wurden als Begrenzungsmauern der Felder aufgetürmt. Von der Zerstörung berichtet auch in klagenden Worten der französische Kommandant A. Devoir aus Brest, der zu den ersten gehörte, die sich um die „urzeitliche Astronomie" der Bretagne ernstlich bemühten [5]. Wir müssen uns damit abfinden, aber die Tat-

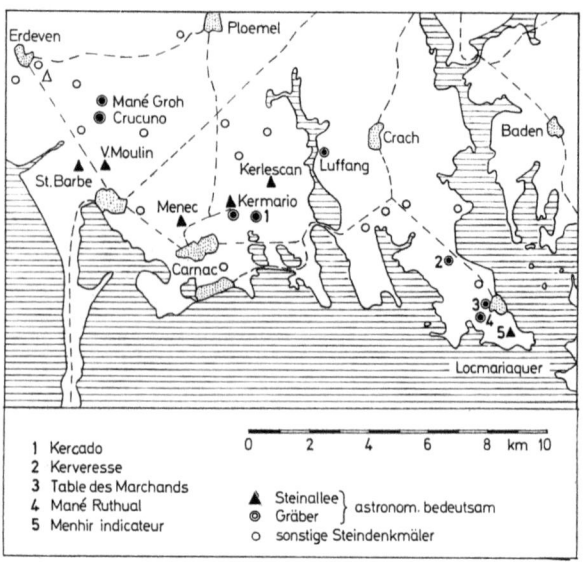

Abb. 55. Die südliche Bretagne mit vielen himmelskundlich ausgerichteten Steindenkmälern

sachen mahnen zur Vorsicht beim Nachweis himmelskundlicher Ortung, so daß man in vielen Fällen nur ungefähre Ergebnisse erwarten darf.

Über die Bedeutung der manchmal Kilometer langen Steinsetzungen, die aus Tausenden von Steinen unterschiedlicher Größe bestehen, ist man in den Kreisen der Vorgeschichtsforscher verschiedener Ansicht. Die einen meinen, jeder Stein sei vielleicht als Mahnmal für einen toten Krieger errichtet, andere sehen in den Steinalleen heilige Wege oder Prozessionsstraßen, oder auch, recht allgemein ausgedrückt, Denkmäler der Sonnenverehrung. Damit kommen wir Gedankengängen nahe, die den Astronomen bei der Besichtigung der Steingehege die Frage vorlegen: Wohin zielen sie?

Die Zielrichtungen. Nach W. Hülle (l.c.) gibt es Reihen, die bis zur Küste, ja bis ins Meer hinzielen, es fanden sich weiter Anzeichen dafür, daß man bei der Planung eine „Umgestaltung der ganzen Landschaft durch das Wegbrechen ganzer Bergkuppen oder Felsenküsten" vorgenommen hat. Das spricht offensichtlich dafür,

Abb. 56. Die Steinallee von Kermario von Westen. (Nach Aquarell von Heinz Küsthardt, Berlin)

daß derartige Erdarbeiten den Blick auf bestimmte Ziele eröffnen sollten. Es sind nicht allein Himmelsziele, sondern man fand auch Mal- oder Richtsteine, die vermutlich als nautische Zeichen für die Seefahrt dienten. So findet man z. B. auf der Halbinsel Locmariaquer, die einen engen Zugang zum Golf und Fluß Auray bildet (s. Abb. 55), einen gewaltigen Menhir (Menhir indicateur), den auch heute noch die Fischerboote ansteuern.

Man hat den Einwand erhoben, daß es doch schwierig, ja geradezu unpraktisch sei, mit derartig langen Reihen, die aus bald höheren, bald kleineren Steinen bestehen, etwa Peilrichtungen festzulegen. Ich glaube, man kann solche Bedenken leicht zerstreuen, wenn man sich der Betrachtung der Abb. 56 zuwendet. Es handelt sich um die Wiedergabe eines Aquarells von Heinz Küsthardt, das ich einer Arbeit von W. Hülle [17] entnommen habe. Das Gemälde zeigt die 10 parallel verlaufenden und bis zu einer Länge von gut 1 km zu verfolgenden Reihen des Steingeheges von Kermario (s. Abb. 55). Worauf ich mit dieser Darstellung aufmerksam machen möchte, ist der perspektivische Blick, der am Horizont zwischen den ins „Unendliche" verlaufenden Linien sozusagen schmale Fenster eröffnet, die sich vorzüglich z. B. zur Fixierung von Sonnenaufgängen eigneten. Ich glaube, daß also nicht die einzelne Steinpfeilerreihe, sondern die Allee (Avenue) die Zielrich-

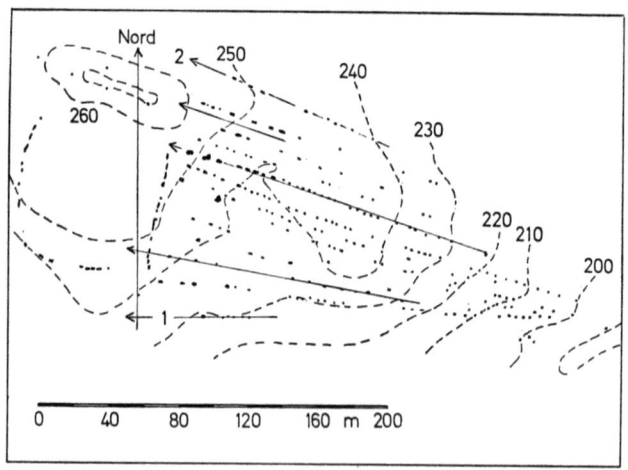

Abb. 57. Der Steinkalender von Kerlescan. (Planvermessung: W. Mordijan)

tung abgab, die in Kermario zum Aufgangspunkt der Sonne am Tage der Sommersonnenwende zeigt. Eine breite Avenue umgibt auch in Stonehenge die astronomische Hauptrichtung und war zugleich vermutlich auch Wallfahrtsstraße. Damit sollten wir nochmals den Gedanken aufgreifen, ob sich nicht zwischen den Wegen der Steinpfeiler von Kermario immer mehrere Prozessionen — jede in ihrer Reihe — bewegten, um feierlich die Sonne zu begrüßen?

Der Sonnenkalender von Kerlescan. Eine Tachymeteraufnahme der 13 Steinreihen von Kerlescan, die Dr. W. Modrijan im Jahre 1940 durchführte [17], ermöglicht das Studium von Einzelheiten, zumal der Plan Höhenschichtlinien enthält. Früher sprach man davon, die Steine von Kerlescan seien auf das Sonnenäquinoktium, also Ost-West ausgerichtet. Das stimmt nicht ganz, denn wenn man sich das Planbild anschaut (Abb. 57), erkennt man, daß nur die kurze mit 1 bezeichnete Reihe diese Richtung aufweist. Die Anlage hat aber eine klar erkennbare fächerartige Ausbreitung, die man nicht außer Betracht lassen darf.

Nach meiner Ausmessung und Berechnung dieses Planes ergibt sich, daß mit Berücksichtigung des von SO nach NW ansteigenden

Geländes die nördliche Reihe 2 etwa auf den Punkt des Horizontes weist, wo an Mittsommer die Sonne untergeht. Der erwähnte fächerartige Verlauf der Fluchtlinien zwischen Tag- und Nachtgleiche und Sonnenwende legt die Vermutung nahe, daß man sie zur Bestimmung dazwischen liegender Kalenderdaten im sommerlichen Monatskalender benutzt hat. Einem solchen geradezu vollendeten Sonnenkalender sind wir bei den astronomisch orientierten Steindenkmälern der Megalithkultur im britischen Raum begegnet (s. S. 25). Auch auf der Insel Sylt sind Spuren einer wohl durchdachten Kalenderanlage zu finden (s. S. 31).

Im Fall von Kerlescan stößt man bei dem jetzigen Zustand des Steingeheges insofern auf Schwierigkeiten, weil man nichts über den Standpunkt des Beobachters aussagen kann, der hier maßgeblich die Höhenlage der Sonnenaufgangspunkte beeinflußt. Ich habe unter gewissen Voraussetzungen über die Länge der Linien und dem sich daraus ergebenden Höhenprofil die Azimute der zwischen dem Äquinoktium und der Sommersonnenwende liegenden 3 Sonnenstationen berechnet und sie in der Abb. 57 mit Pfeilen bezeichnet. Sie entsprechen von unten nach oben den Sonnendeklinationen von rund $+9°$, $+17°$ und $+22°$ und deuten auf die anscheinend im ganzen europäischen Megalithkreis in Gebrauch gewesene 23-tägige Monatsteilung hin. Der Befund ist recht interessant, doch sei eindringlich nochmals darauf hingewiesen, daß die Genauigkeit zu wünschen übrig läßt.

Maßzahlen. Man hat bei der Betrachtung der Anlage von Kerlescan den Eindruck, daß eine gewisse regelmäßige Folge in den Abständen der Steine erkennbar ist. Ich habe mir daher Gedanken darüber gemacht, ob man nicht vielleicht durch Ausmessung auf dem Plan das Maß ermitteln könnte, das sicherlich die Erbauer bei der Anlage ihrer Steinreihen benutzt haben. Eine Testrechnung, der ich die große Anzahl von 100 Ausmessungen zugrunde legte, führte jedoch zu keinem ermutigenden Ergebnis. Einmal sind bei dieser Art der Auswertung die Streuungen recht erheblich und dann ist das Planmaß einfach zu klein, weil 1 mm auf dem Papier fast einer Länge von 2 m entspricht.

Bei sehr vorsichtiger Beurteilung meiner Testrechnungen scheint sich das früher gefundene megalithische Einheitsmaß ($= 0,829$ m) mit allerdings recht mäßiger Wahrscheinlichkeit den Ausmessungen einigermaßen anzupassen. Es wäre eine leichte Aufgabe, die Frage besser zu klären, wenn man entweder die Originalmaße, die der Planaufnahme zugrunde liegen, aufspüren kann oder sich an Ort und Stelle der leichten Mühe unterzieht, die Abstände zwischen möglichst vielen Steinpfeilern auszumessen. Ich meine, wir sind es der Erforschung der Megalithbauten schuldig, das Problem einer Lösung zuzuführen, zumal nirgendwo sich derartig viel Meßmaterial anbietet. Die Bretagne ist bestimmt eine Reise wert!

Auf dem Kartenbild der südlichen Bretagne (Abb. 55) findet man eine Anzahl von Gräbern eingezeichnet, die schon in früheren Zeiten geodätisch vermessen sind. Von den himmelskundlichen Ergebnissen dieser Untersuchungen wollen wir im nächsten Kapitel berichten, das sich ganz allgemein mit der Ausrichtung der Megalithgräber beschäftigt.

VII. Die Orientierung von Ganggräbern

Dolmen in der Bretagne. Die Anzahl der Megalithgräber (Dolmen) in der Bretagne geht in die Hunderte, so verzeichnet eine Karte von P. R. Giot [13] in dieser Landschaft über 540 Kultstätten. Ich möchte nun zunächst auf die Arbeit von W. Hülle (l.c.) zurückkommen, in der Pläne von 9 Ganggräbern in der Umgebung von Carnac abgebildet sind. Leider liegen keine genauen Vermessungsangaben vor und lediglich ein kleiner Nordpfeil auf den Plänen läßt roh die Bestimmung der Ausrichtung der Gang- oder Längsgräber in bezug auf das Himmelsbild des Horizontes zu. Da auch die Ermittlung des Grabes selbst je nach dem Zustand der Steinsetzung mit einer gewissen „Willkür" behaftet ist, schätze ich den Bestimmungsfehler auf etwa $\pm 1,5°$, was noch als tragbar zu bezeichnen ist.

Ich will nicht jede der Untersuchungen im einzelnen diskutieren, sondern zunächst die interessante Feststellung voraussetzen, daß von den 9 bei W. Hülle abgebildeten Grabplänen sich 7 befinden, die als himmelskundlich georet angesprochen werden können. Der Gewölbegang des in der Abb. 58 a im Querschnitt gezeigten Grabes von Kercado, das von einem Steinhalbkreis (Chromlech) umgeben war und von einem Menhir gekrönt wird, weist auf ein

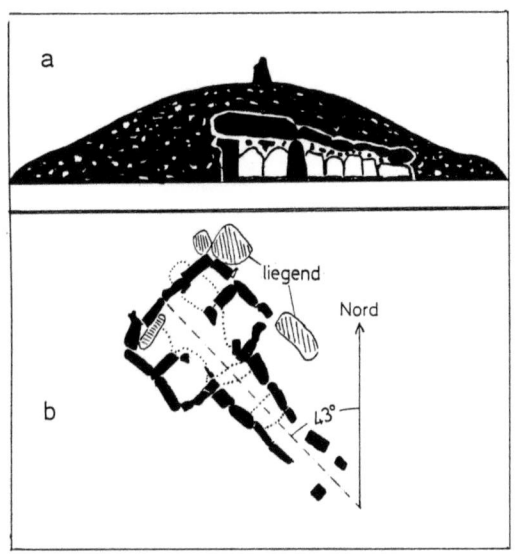

Abb. 58. a Querschnittzeichnung des Ganggrabes von Kercado; b Grundriß des Ganggrabes Mané Groth bei Crucuno. (Nach W. Hülle)

Kalender-Sonnendatum, das mit einer Deklination von —9° einem Datum des 16 Monate-Kalenders entspricht (vgl. den Sonnenkalender S. 28). Das darunter abgebildete Ganggrab von Mané Groh zeigt mit einem Azimut von 137° zum Aufgangspunkt des Mondes in seinem größten südlichen Extrem (Mittsommermond, Dekl. —30°). Viermal tritt uns die wohl überhaupt bevorzugte Orientierung von Gräbern nach den Haupthimmelsrichtungen entgegen. Aus hinterlassenen noch nicht veröffentlichten Vermessungen des verstorbenen englischen Admirals Somerville, von denen ich Abschriften erhielt, sind noch folgende Dolmen in der Bretagne nach wichtigen Sonnenständen ausgerichtet: Die Gräber von Crucuno und der wuchtige Steintisch „Table des Marchands" auf den Mittsommer-Sonnenaufgang. Die Gräber von Kerveresse und Concareau auf Mittwinter-Aufgänge der Sonne. Für den Gang des Dolmens von Mané Ruthual fand Somerville ein Azimut, das dem Novemberdatum (Wintersaat) mit der Deklination = —17° ent-

Abb. 59. Dolmen (Steintischgrab) in der Ahlhorner Heide. (Foto: W. Harprecht)

spricht. Die aus 3 Pfeilern bestehende Visur bei Vieux Moulin, deren Megalithen über 3 m hoch sind, spricht Somerville als auf den Stern Capella geortet an.

Das sind nur einige Einzelergebnisse, und vielleicht ist der eine oder andere geneigt, sie als Zufallstreffer anzusehen. Doch muß man den Wert solcher Befunde im Rahmen der heute sich so erfolgreich erweisenden statistischen Untersuchungsmethode betrachten.

Der Tisch der Kaufleute. Bei Locmariaquer (s. Karte, Abb. 55) ist eines der größten Steindenkmäler der europäischen Megalithkultur, der „Tisch der Kaufleute" (Table des Marchands) errichtet worden. Der fast 6 m lange und 4 m breite riesige Deckstein wiegt schätzungsweise 50 t! Welche architektonische Leistung und welch enormer handwerklicher Arbeitsaufwand tritt uns hier entgegen, galt es doch, den gewaltigen 50 000 kg schweren Felsblock auf mehr als ein Dutzend fest verankerter Tragesteine zu legen. Aber es ist nicht nur allein das technische Können, das bei solchen Megalithbauten unsere Bewunderung hervorruft. Eine solche Leistung offenbart durch die dabei zu Tage tretende astronomische

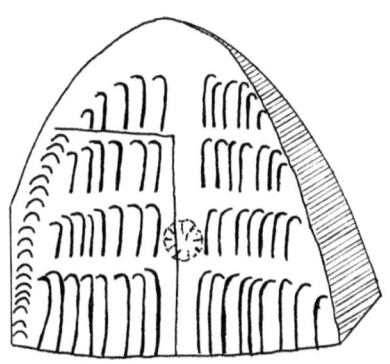

Abb. 60. Großer Tragestein des Ganggrabes „Tisch der Kaufleute" bei Locmariaquer mit reliefartigen „Krummstäben". Schematische Abzeichnung nach dem Abguß im Museum von Carnac

Ausrichtung auch einen erstaunlich hohen geistig-kulturellen Bildungsstand.

Wie bereits erwähnt, weist der Tisch der Kaufleute auf den Mittsommer-Aufgang der Sonne hin. Eine große Überraschung, die sich bei der Erforschung des riesigen Dolmen ergab, boten die reliefartigen Zeichnungen, mit denen einer der spitzförmigen Tragsteine geschmückt war. Die Abb. 60 zeigt eine Darstellung der Gravierungen, die ich nach einem Foto nachzeichnete. Der um die Erforschung und Erhaltung der Steine um Carnac verdienstvolle französische Forscher Le Rouzic [34] sieht in den „Krummstäben", zwischen denen eine runde Vertiefung mit ausgehenden Strahlen wohl das Sonnenbild darstellt, Ähren, die sich unter der Schwere der Dolden neigen. Die Deutung hat keine rechte Anerkennung gefunden, während die von A. Devoir [5] vorgeschlagene Auslegung, daß es sich hier um einen Kalenderstein zur Einteilung des Sonnenjahres handeln könne, der Sache eher näherkommt.

Die Bedeutung der 56 Krummstäbe. Ich bin der Meinung, daß die Zeichen dieses interessanten Tragesteins des Ganggrabes „Table des Marchands" von bestimmten Monddaten sowie von Mond- und Sonnenfinsternissen sprechen. Bei dieser Deutung stütze ich mich auf 4 Zahlenfolgen, die uns die Auszählung der Zeichen verrät. Zunächst die Krummstäbe: Ihre Anzahl beträgt 56, diese Zahl ist insofern bedeutsam, weil sie das runde Dreifache der

Mondwanderung von einem Extrem zum anderen ist. Man begegnet der Zahl auch in Stonehenge, dessen astronomische Steine von einem Wallkreis mit 56 Abschnitten (Aubreylöcher) umgeben ist. Die Aubreylöcher dienten vermutlich in Stonehenge zur Vorhersage von Finsternissen. Bei der Besprechung der Finsternisse (S. 66) habe ich die Bedeutung der Zahl 56 und das Vorhersageverfahren ausführlich erläutert.

Bei der Verteilung der in 2 Reihen angeordneten Krummstäbe zählt man links 29 und rechts 27 Stäbe. Auch das sind Zahlen, die auffallend Bezug auf den Mond haben. 29 Tage als Rundzahl ist nämlich die Zeit, die zwischen 2 gleichen Mondphasen vergeht. Man nennt dieses Zeitintervall, also etwa die Spanne zwischen 2 aufeinander folgenden Vollmonden, eine Mondlunation oder einen synodischen Monat. In 27 Tagen aber kehrt der Mond zum gleichen Ort am Himmel, also etwa zu dem gleichen Stern zurück (siderischer Monat). Diese Zahlenbetrachtung brachte mich darauf, daß es sich bei dem Tragstein des Grabes wohl um eine Mondtafel handeln müsse. Dieser Gedanke findet weitere Bestätigung, wenn man die kleinen Halbbögen an der linken Seite auszählt. Es sind 19. Auch eine beachtenswerte Zahl, denn in rund 19 Jahren wandert der Mond, wie wir es oben erwähnten, von einem Extrem zum anderen.

„Alle 19 Jahre", so sagt Diodorus [6] von den Hyperboräern, „besucht der Gott die Insel, in welcher Zeit sich die Ausgangsstellungen der Sterne (Gestirne) wiederherstellen". Diese Erzählung bezieht sich, wie von den meisten Forschern angenommen wird, auf Stonehenge, da Diodor einen prächtigen rundförmigen Tempel Apollos bei den Hyperboräern erwähnt. W. Hülle [18] wirft beiläufig die Frage auf, ob Diodor mit seinem Bericht vielleicht die Schilderung eines bretonischen Halbsteinkreises (Chromlech) im Auge hatte? Diese zahlreich in der Bretagne vorkommenden Halbsteinkreise, von denen wir einen in der Abb. 57 links sehen, sind gewiß eigenartig, aber doch im Vergleich mit dem Sonnen- und Mondheiligtum Stonehenge recht unscheinbar. Ich glaube nicht, daß sich der Bericht des Diodorus Siculus auf die Bretagne beziehen kann, zumal in ihm ausdrücklich von einer Insel nicht kleiner als Sizilien und jenseits des Keltenlandes die Rede ist, was zweifellos auf Britannien zielt.

Geortete Ganggräber in Großbritannien. Schwerpunkte von Steingräbern findet man in Irland und Schottland, deren Untersuchung und astronomische Vermessung in vielen Fällen von dem verstorbenen englischen Admiral B. Somerville durchgeführt wurde [37]. Herrn H. Hudson, der selbst eine kleine Schrift über „Kalender Instrumente" veröffentlichte [16], verdanke ich zahlreiche Pläne und Beschreibungen aus dem Nachlaß von B. Somerville. Natürlich ginge es zu weit, sich hier mit all den Plätzen zu beschäftigen, bei denen der Admiral 19 Sonnenwendortungen, 19 Zwischenstationen des Sonnenweges und 8 Orientierungen auf Sterne vermutete. Einige anschauliche Beispiele sollen uns jedoch zeigen, mit welcher Sorgfalt die Erbauer ihre Grabanlagen in himmelskundlich wichtige Richtungen legten.

Die Sonnenwarte von Clava. Bei Clava im nördlichen Schottland (nahe bei Inverness) gibt es 3 größere Kuppelgräber, die von Steinkreisen umgeben sind. Nach einem Meßplan von B. Somerville sind die beiden am besten erhaltenen in der Abb. 61 nachgezeichnet. Der Gang beider Gräber weist (wie es der Pfeil mit dem Sonnensymbol zeigt) nach einer Vermessung des Platzes durch A. Thom [39] genau auf den Untergangspunkt der Sonne am Mittwintertag. (Sonne sitzt auf dem 1,7° hohen Horizont auf.) Man beachte bei der Zeichnung, daß aus Gründen des Maßstabes die Gräber, die in Wirklichkeit 126 m voneinander entfernt liegen, zusammengerückt wurden. Man muß sich also Grab I etwa 2½mal so weit entfernt vorstellen. Wenn man dies bedenkt, ist es bewundernswert, mit welcher Genauigkeit man beide Gänge der Gräber in die Sonnenortungslinie legte. Geht man nämlich auf ihr vom südlichen Grab II aus in Richtung NO, so marschiert man genau in den Gang und die runde Kammer des nördlichen Grabes I. Das 3. Grab, das in dem Plan der Abb. 61 nicht aufgenommen wurde, ist z. T. abgetragen und scheint keine Grabkammer, sondern 3 seitliche Stollen gehabt zu haben. Überall im Gräberfeld liegen verschleppte Steine umher, und man findet auch 2 kleinere Steinkreise. Der gut erhaltene kleinere dieser Steinringe war nach A. Thoms Vermessungen Ausgangspunkt für 2 Sonnenwendortungen. So schafften sich in Clava die Erbauer die Möglichkeit zur Beobachtung aller 4 Sonnenwendstände (Auf- und Untergänge).

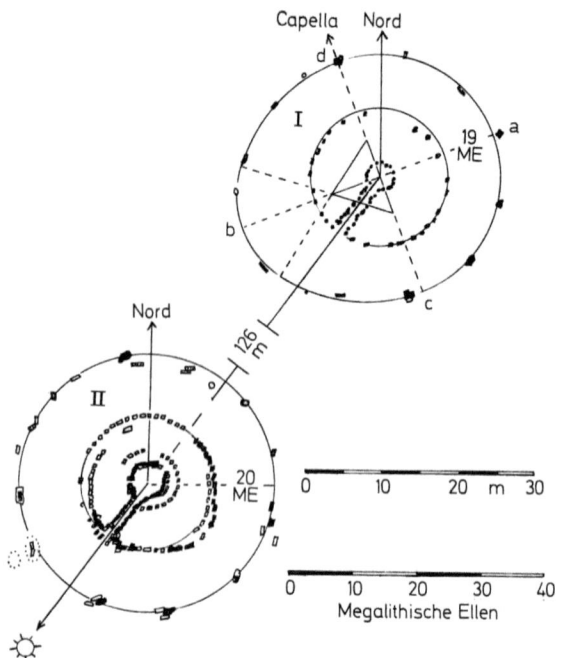

Abb. 61. Hügelgräber in der Sonnenwarte von Clava (nördl. Schottland). Die Seitenlängen der rechtwinkligen Dreiecke, die der Konstruktion des eiförmigen Ringes um Grab I zugrunde liegen, betragen 6,8 und 10 ME (1 ME = 0,829 m). (Pläne nach Somerville und Thom)

Der geometrische Aufbau der Anlage. Neben dem himmelskundlichen Befund verrät auch die Konstruktion in Clava erstaunlich hohes geometrisches Können. So ist der Durchmesser des Kreises, der außen das Grab II umgibt, sehr genau doppelt so groß wie der Durchmesser des Steinringes, der den eigentlichen Grabhügel begrenzt. Bei den Maßen fällt sogleich auf, daß die Durchmesser, wenn man sie in dem Einheitsmaß des Menschen der Megalithzeit, also in „megalithischen Ellen" (ME) ausdrückt, nahezu genau 40 ME bzw. 20 ME betragen. Diese Maße wurden offensichtlich gewählt, weil dann der Umfang des äußeren Steinkreises 125 (genau 125,6) megalithische Ellen betrug. Diese Maßzahl ist aber wiederum das 50fache von 2¹/₂ megalithischen Ellen.

Wir stoßen damit auf die bereits erwähnte Zahl 2,5 ME, der ehemals große Bedeutung zukam. Herr A. Thom hat umfangreiche Rechnungen über die Verhältnisse zwischen Kreisdurchmessern und Umfang angestellt [39]. Er entdeckte dabei, daß der steinzeitliche Architekt stets großen Wert darauf legte, dem Umfang seiner Kreissetzungen möglichst ein Vielfaches von $2^{1/2}$ ME zugrunde zu legen. Glückte dies nicht sogleich, so wurden die im Einheitsmaß gewählten Durchmesser der Steinkreise entsprechend korrigiert. Das Problem läuft trigonometrisch auf die Einführung der irrationalen Ludolfschen Zahl π hinaus ($\pi = 3{,}1416 \ldots$), die das Verhältnis von Kreisumfang U zum Kreisdurchmesser D bestimmt, wobei $U = \pi \cdot D$ ist. Zweifellos ist π den Geometern der Steinzeit bekannt gewesen, wofür viele Konstruktionen von kreisförmigen aber auch abgeflachten, eiförmigen und elliptischen Kreisen sprechen.

In Clava tritt uns dieses Bestreben, dem Umfang ein Vielfaches von $2^{1/2}$ ME zu geben, auch beim Grab I in verblüffender Weise entgegen. Das diesen Grabhügel umgebende Steingehege ist nicht kreisförmig ausgeführt, sondern man wählte hier die von den alten Geometern gerne verwandte eiförmige Gestaltung. Wie ein solches Ei mit 3 verschiedenen Bogenlängen und Halbmessern über einem auf dem Boden abgesteckten rechtwinkligen Dreieck leicht mit Elle und Strick konstruiert werden kann, haben wir im Kapitel V, S. 43 beschrieben. In Clava haben die Seiten des rechtwinkligen Dreiecks, das der Konstruktion zugrunde liegt, Seitenlängen von 6, 8 und 10 ME. Wir haben es also hier mit einem ganzzahligen pythagoreischen Dreieck zu tun ($6^2 + 8^2 = 10^2$). Wir sprachen bereits davon, daß der Umfang des äußeren kreisförmigen Ringes von Grab II, dessen Halbmesser man 20 ME groß wählte, nahezu 125 ME betrug. Höchst erstaunlich ist nun die Feststellung, daß auch der Umfang des eiförmigen Kreises (Grab I) — immer innerhalb vernünftiger Genauigkeitsgrenzen, die mit ganzen Zahlen erreicht werden können — 125 ME (genau 125,5 ME) beträgt. Man erreichte dieses „Kunststück", indem man den Halbmesser, der den flachen Teil des Eies bildet, um eine Einheit kleiner wählte, also den Bogen mit dem Halbmesser von 19 ME statt mit 20 ME schlägt.

Nun liegt noch die Frage nahe, was die Baumeister wohl dazu bestimmte, die Hauptachsen ab bzw. cd des eiförmigen Steinkreises

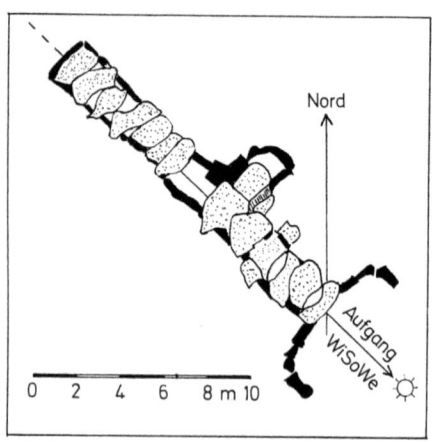

Abb. 62 „Das Haus der Feen." Langgrab auf der Insel St. Kilda (Hebriden). Es ist auf den Aufgangspunkt der Sonne am Wintersonnenwendtag ausgerichtet. (Nach B. Somerville)

in die hier vorgefundenen Richtungen zu legen? Meiner Meinung nach wählten die Sternkundigen in Clava diese Richtung, weil sie — wie es eine von mir vorgenommene Überschlagsrechnung zeigt — vom Hügel aus über den Stein d dann den Uhrenstern Capella im Untergang beobachten konnten.

Überblick. Ehe ich den Versuch unternehme die Ergebnisse, die sich aus der Betrachtung der Richtlagen der Megalithgräber im europäischen Raum ergeben, zusammenzustellen, möchte ich noch 2 bemerkenswerte Anlagen im Bild vorstellen. Beide befinden sich auf den Hebriden, jener aus rund 500 Eilanden bestehenden Inselgruppe an der Westküste Nordschottlands. Nach den Meßunterlagen fand man auf den Hebriden rund 50 steinerne Anlagen, die als himmelskundlich ausgerichtet angesprochen werden können. Das gut erhaltene 17 m lange Großsteingrab „Haus der Feen" (Abb. 62) liegt auf der einsamen Felsinsel St. Kilda, die 80 km westlich der Hauptgruppe der äußeren Hebriden vom Nordmeer umspült wird. Es ist bemerkenswert, daß hier, weit draußen im Ozean, der Steinzeitmensch Fuß faßte, wovon uns das architektonisch kunstvoll aufgerichtete Grab Kunde gibt. Admiral B. Somerville fand auf St. Kilda noch ein weiteres Grab, dessen Hauptrichtung auf einen

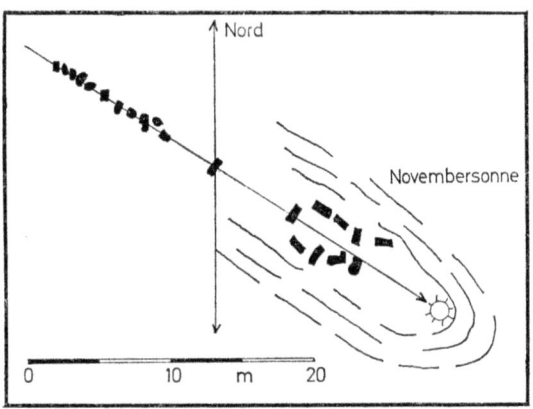

Abb. 63. Hügelgrab bei Rhives (Hebriden). Die Ortung gilt dem Kalenderdatum Lammas- oder Samhaintag (Dekl. = −17°, s. S. 29). Die Richtung wird durch eine rund 10 m lange Steinpfeilerreihe betont hervorgehoben. (Nach B. Somerville)

Findling weist, den man als Richtpunkt auf einen Hügel stellte. Diese Ziellinie ist auf den Sonnenaufgangsort gerichtet, den die Sonne 3 Wochen vor oder nach der Sonnenwende erreicht. Die Ortung entspricht mit einer Deklination von +22° einem Datum des megalithischen Sonnenkalenders (S. 25, 28), einer Ortung, der man vielfach begegnet. Das in der Abb. 62 gezeigte eindrucksvolle Langgrab ist nach den Vermessungen von B. Somerville mit erstaunlicher Genauigkeit so aufgetürmt, daß seine Längsachse zu der über der See aufgehenden Sonne am Tage der Wintersonnenwende (WiSoWe) weist. Fast 6 Monate dauert hier der oft stürmische Winter, und es ist verständlich, daß man auf diesem vorgeschobenen kargen Eiland die Mittwintersonne mit Spannung erwartete.

Ein weiteres Grab auf der großen nördlichen Hebrideninsel Lewis (Abb. 63) ist auf das Kalenderdatum Lamas, die Novembersonne, ausgerichtet. Interessant ist bei dieser Grabanlage, daß die Richtung durch einen Auslegerstein, durch den in der Abbildung der Nord-Süd-Pfeil gelegt ist, und eine etwa 10 m lange Steinpfeilerreihe klar betont hervorgehoben wird.

Das Richtungsbild der Steingräber. Das Windrosenbild, welches ich zur Darstellung der Richtlagen der Steingräber wählte (Abb. 64), beruht auf den mir bekannt gewordenen Vermessungen

8 Müller, Himmel der Steinzeit

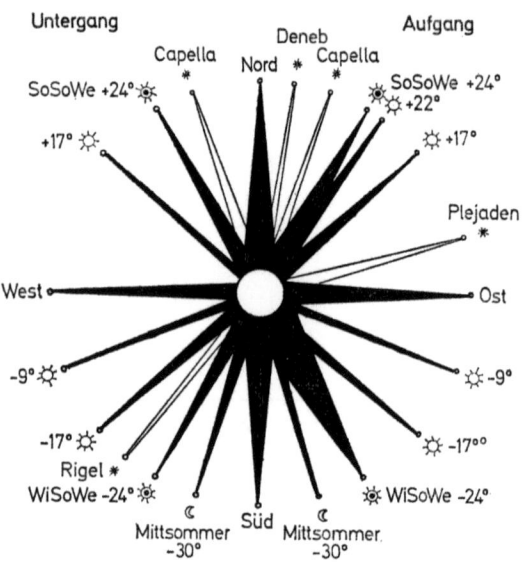

Abb. 64. Schematisches Richtbild von 59 megalithischen Grabanlagen in der Bretagne, Irland, Schottland und im norddeutschen Raum

von 58 Anlagen, die sich über die Bretagne, Irland, Schottland und den norddeutschen Raum verteilen. Wir haben es hier mit einer durchaus schematischen Aufzeichnung, also keinen wahren Azimuten, zu tun, die sich ja — Fall für Fall — bei dem großen Spielraum der geographischen Breiten ständig, und zwar nicht unerheblich ändern. Wir dürfen uns auch nicht der Täuschung hingeben, mit dem Richtungsbild der Abb. 64 eine allgemeine Verteilung der Grabanlagen vor uns zu haben, denn die aufgezeichneten Ortungen sind ja nach astronomischen Gesichtspunkten ausgewählt worden. Dennoch läßt sich, statistisch gesehen, dazu folgendes sagen: Die Pfeilstärken, an deren Spitze die den Ausrichtungen zukommende Deklination vermerkt ist, entsprechen der Anzahl der gerichteten Anlagen. Man erkennt, daß sich die Sitte der Nord-Süd-Orientierung, aber auch — jedoch geringer — die Ost-West-Ausrichtung hervorhebt. Daneben sind besonders stark die Ortungen auf die Sonnenwenden, und zwar mit 35% vertreten. Der stärkste Pfeil, er baut sich auf 10 Ortungen auf, spricht dafür, daß man bevorzugt der Orientierung auf den Untergangspunkt der Sonne im Wintersolstitium Beachtung schenkte. Nur 2 Gräber weisen Richtungen auf, die vielleicht mit der Mondstellung in seinem südlichsten Extrem identifiziert werden können. Von der Ortung der Grabanlagen auf Sterne (offene Pfeile) verdienen die Uhrensterne Capella und Deneb Aufmerksamkeit, während ich von der Zuweisung auf das Siebengestirn (Plejaden) und den Orionstern Rigel nicht viel halte.

Die himmelskundliche Ausrichtung, die man sicherlich nach jahrelangen Beobachtungen zunächst etwa durch Pfosten absteckte, bildete natürlich bei der Planung der Grabanlagen die anfängliche Grundlage. Ihr folgte dann in der vorgesehenen Ausfluchtung der eigentliche oft monumentale Grabbau. Welches Denken den Menschen im Neolithikum dazu bewegte, die Totenkultplätze auf den Gang der Gestirne auszurichten, läßt sich natürlich nicht mit Sicherheit sagen. Doch da in jener Zeit alle kultisch-religiösen Vorstellungen eng mit dem himmlischen Geschehen verknüpft waren, müssen wir den alles Schaffen beherrschenden Leitgedanken in dem hochentwickelten astronomischen Wissen und der Beobachtungskunst des Menschen der Vorzeit sehen.

VIII. Der Mond als Beobachtungsobjekt

Wenn man nach Beobachtungen von Mondauf- oder -untergängen am Horizont Ausschau hält, so kommen die 4 Extremstellungen oder Stillstände in Frage, die der nächtliche Vollmond alle 9,3 Jahre (18,6 Jahre) erreicht. Im Kapitel II, S. 16 ist der Mondlauf und sein Wechselspiel, das er im 18,6jährigen Zyklus am Himmelsrand bietet, sehr ausführlich behandelt worden. Hier wollen wir nun einige besondere Ortungsanlagen beschreiben, die zweifellos als Mondortungen angesprochen werden können.

Ich habe in früheren Arbeiten [27] gegenüber der Mondortung vielfach eine vorsichtige Stellungnahme bezogen. Das hatte seinen Grund darin, daß einfach zu wenige Beispiele damals bekannt waren. Sie beschränkten sich auf die Möglichkeit einer Mondortung bei den Externsteinen (s. S. 90), auf die Ausrichtung der Visbeker Braut im Oldenburger Land, die rohe Ausrichtung des Boitiner Steintanzes (s. S. 82) und das Vorkommen von Mondlinien auf der

Insel Sylt. Heute muß ich meine Stellungnahme gründlich revidieren, denn mit fortschreitender Vermessung von vorzeitlichen Steinsetzungen aller Art sind inzwischen einige Dutzend Anlagen entdeckt worden, die bestimmt Mondvisuren darstellen. Mit eigenen Mondbeobachtungen habe ich mit der Abb. 10, S. 21 aufgezeigt, welch auffälliges Bild im bergigen Gelände der Weg des Mondes in seinem größten Extrem zur Mittsommerzeit bietet; ja das Horizontprofil gestattet es zuweilen mühelos, die auf S. 19 erklärten 173tägigen Schwankungen oder „Mondsprünge" — obwohl sie nur ±0,15° ausmachen — etwa mit Hilfe von Bergzacken usw. zu erkennen.

Beobachtungen am nördlichen Polarkreis des Mondes[10]. Zu den größeren und besonders eindrucksvollen Steinsetzungen Großbritanniens gehören die auf den äußeren Hebriden nahe beim nördlichen Polarkreis des Mondes gelegenen Steindenkmäler von Callanish, die schon seit Jahrzehnten Gegenstand himmelskundlicher Untersuchungen waren. Unter diesen hat besonders der Tursachan Steinkreis (Callanish I) und die von ihm in etwa nördlicher Richtung ausgehenden rund 80 m langen fast schnurgerade verlaufenden Steinpfeilerreihen (Avenue) das Interesse der Forscher erregt.

Der Tursachan Kreis. Abb. 65 zeigt uns den Grundriß des Tursachan Kreises (Callanish I) und links unten ein Übersichtsbild der ganzen Anlage mit dem Verlauf der sog. Avenue. Es ist nicht sicher, ob die Seitenlängen der Steinstraße ehemals genau parallel verliefen. Heute weisen die beiden rund 80 m langen Steinpfeilerreihen einen Richtungsunterschied von allerdings nur rund 1,4° auf. Vielleicht liegt das daran, daß die Aufstellung der im Torf liegenden Pfeiler der östlichen Reihe nicht genau genug vorgenommen wurde. Der große Hauptkreis ist typisch abgeflacht, und seine Konstruktion geht auf das in der Abb. 65 schraffiert gezeichnete rechtwinklige Dreieck zurück. Wie die alten Baumeister solche Flachkreise, die häufig anzutreffen sind, anlegten, kann man ausführlich im Kapitel V, S. 42 nachlesen. Es fällt uns bei der Betrachtung der Anlage auf, daß mitten durch den Hilfspunkt C des

---

[10] Der nördliche Polarkreis des Mondes liegt bei der geographischen Breite $\varphi = 61,4°$ (s. hierzu auch den Abschnitt S. 20).

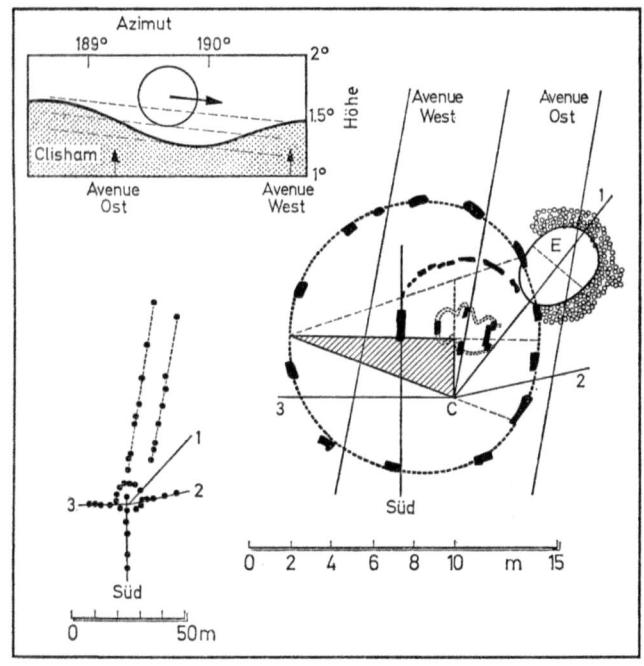

Abb. 65. Callanish I. Der Tursachan-Kreis, links Übersichtsskizze und in der Nebenzeichnung der Mondlauf

rechtwinkligen Dreiecks die Mittellinie der Avenue hindurchgeht. Dies ist eine bemerkenswerte Feststellung, zumal der Punkt C weiterhin den Ausgangspunkt für 3 astronomische Ortungen (mit 1, 2 und 3 bezeichnet) bildet:

Zu 1) Die Richtung über den Mittelpunkt der dem Hauptkreis anliegenden Ellipse E zeigt sehr genau auf die an Mittsommer (Sommersonnenwende) aufgehende Sonne.

Zu 2) Eine von C über 4 Steinpfeiler verlaufende Richtung wird als Ortungslinie auf den Aufgang des Sternes Atair gedeutet.

Zu 3) Eine 3. Linie von C markiert über die aus 4 Steinen bestehende Pfeilerreihe die Ost-West-Richtung.

Schließlich ist auch die Nord-Süd-Richtung in Callanish I vom flach liegenden Mittelstein des Kreises über die aus 6 Blöcken bestehende Steinpfeilerreihe mit einer Genauigkeit von 0,1° festgelegt worden. Es wird weiter vermutet, daß die beiden großen Steinpfeilerreihen nach Norden zu als Ortungslinien zur Fixierung der Aufgänge der Capella dienten, die um das Jahr 1800 v. Chr. hier sich schon hell leuchtend erhebt (Horizonthöhe 1,5°). Die Jahresdatierung stimmt auch mit der erwähnten Ortung auf Atair überein, der ebenfalls im Jahre —1800 in der Richtung 2 aufgeht.

Die Mondortung. Das für Callanish I himmelskundlich wohl bemerkenswerteste Merkmal bietet sich dem Beobachter nach Süden zu. In der Nebenzeichnung der Abb. 65 ist das Horizontprofil aufgezeichnet, das sich einem Beobachter bietet, der längs der beiden langen Steinpfeilerreihen Avenue Ost oder Avenue West über den Loch Roag blickt. Die Abbildung zeigt uns, daß man in der Senke, die der Himmelsrand rechts vom Clisham bildet, mit großer Genauigkeit die tiefste südliche Stillstandsphase des Mondes bestimmen konnte, die er alle 18,6 Jahre erreicht. Ja, es bietet sich auch gute Möglichkeit, in diesem Mondextrem sich eine Vorstellung von den sinusartig verlaufenden Schwankungen zu verschaffen, die der Mond in 173 Tagen einmal auf und ab vollzieht. Die 3 gestrichelt gezeichneten Linien zeigen den höchsten, den mittleren und den tiefsten Mondstand, also den 173tägigen Schwankungsbereich an. Wir erkennen, daß der Unterrand des tiefsten Mondes auf den Boden der Senke stößt, während er rund 86 Tage früher oder später die Kuppe des 26 km entfernten Clisham streift.

Die Beobachtung der 86tägigen Mondwanderung. A. Thom hat neben dem schon erwähnten Fall von Callanish I noch 4 Orte ausfindig gemacht, bei denen Zielrichtung und Horizontverhältnisse so gestaltet sind, daß sie beobachtungsmäßig geradezu zur Bestimmung der Mondschwankungen während seines „Stillstandes" einladen mußten [43]. In den beiden Skizzen (Abb. 66 a, b), die wir als Beispiele bringen möchten, bedeuten die gestrichelten Linien die höchste, mittlere und tiefste Stellung, die der auf- oder untergehende Mond zu Zeiten seiner Extreme einnehmen kann.

Von Callanish V (Abb. 66 a) weist eine aus 3 Blöcken bestehende etwa 13½ m lange Pfeilerreihe mit dem Azimut von 168,4° auf den Bergzug beim Ben Mhor, der damit eine günstige

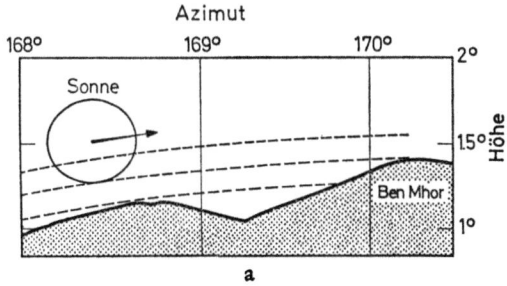

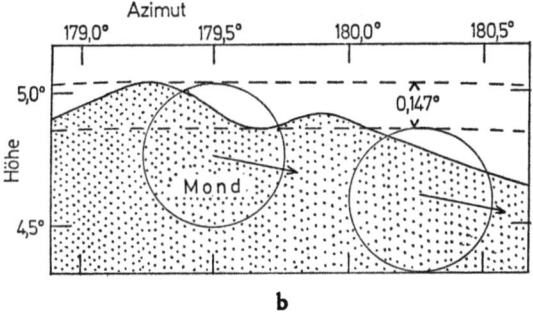

Abb. 66. a Callanish V. Mondaufgang gegen Süd. Dekl. = —29°; b Meridiandurchgang des Mondes bei Campbelton. (Nach A. Thom)

Visur zur Beobachtung und Bestimmung der Mondbewegung während seines Stillstandes abgibt. Der Unterrand des aufgehenden Mondes streift in seiner mittleren Deklination (δ = —29,05°, Jahr —1800) nahezu genau den Ben Mhor. Seine tiefste Stellung (Dekl. δ = —29,20°) kann man sehr zuverlässig über der kleinen Bergkuppe links vom Ben Mhor fixieren. Die höchste Stellung läßt sich noch gut genug abschätzen. (Über die Funde, die Vermessungen und himmelskundlichen Deutungen der im Umkreis von rund 2 km liegenden Anlagen von Callanish I—VII unterrichtet uns ausführlich das Buch von Professor A. Thom [39].)

Einzigartig liegen die Verhältnisse bei Campbelton (Abb. 66 b), das auf der schottischen Halbinsel Kintyre liegt (φ = 55,4°). Hier kann man den Mond an Mittsommer (Dekl. = —29,1°, Jahr —1800) über höheren Bergen im Süden den Meridian passieren

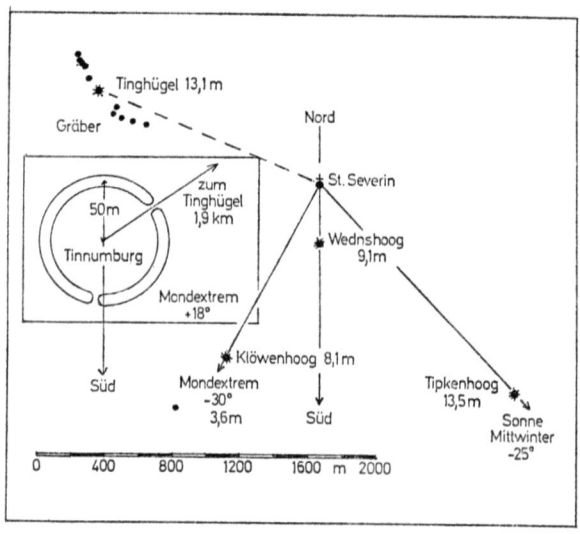

Abb. 67. Sonnen- und Mondortungen auf der Insel Sylt

sehen. Sein Oberrand streift in mittlerer Deklination genau die bis zu 5° aufragende Bergkuppe. Seine tiefste Stellung, die der Mond rund 86 Tage früher oder später erreicht, ist durch die Senke beim Azimut 179,6° gekennzeichnet. Die natürlichen Horizontverhältnisse zeigen dem Beobachter mit größter Genauigkeit den halben Schwankungsbereich der Mondwanderung während seines Stillstandes an, der 0,147° beträgt. Dieser so genau über der Bergkuppe erfolgende unterläufige Mondgang im Meridian hat A. Thom dazu verleitet, eine Zeitbestimmung vorzunehmen, die etwa auf die Epoche 1600 v. Chr. führt.

Mondortungen auf der Insel Sylt. Die Betrachtungen über die Mondortungen sollen uns nochmals auf die Insel Sylt führen. Hier erhebt sich unweit des Ortes Keitum auf dem ehemaligen Düfhoog die fast von allen Punkten der Insel sichtbare Kirche St. Severin. Auf dem Düfhoog feierte man in heidnischer Zeit das Julfest, das mit der Dezembersonnenwende zusammenfiel, und es kam diesem Platz vermutlich auch schon in der Vorzeit große Bedeutung zu. Die früher von mir vorgenommene Vermessung bestätigt diese Annahme [30]. Wenn man die Lageskizze um St. Severin betrachtet (Abb. 67), so fällt zunächst die Nord-Süd-Ausrichtung St. Severin—Wednshoog (Wotanshügel) auf; vom Wednshoog aus geht die Nordrichtung genau durch den Kirchturm von St. Severin. Wenden wir unseren Blick vom Kirchplatz nach Südosten, so erblickt man den als Mal- oder Zeitzeichenhügel errichteten Tipkenhoog, in dem sich nach den Ausgrabungen von K. Handelmann (l.c.) „nicht das geringste Produkt menschlichen Kunstfleißes fand". Himmelskundlich von Interesse ist es, daß der Tipkenhoog vom Düfhoog (St. Severin) aus die Zielrichtung zum Aufgangspunkt der Wintersonnenwende mit guter Genauigkeit abgab.

St. Severin war auch der Ausgang für eine Mondortung, denn die Blicklinie vom Kirchplatz zum Klöwenhoog zeigt auf den Aufgangspunkt des Mondes bei seinem südlichsten Horizontstand (Dekl. = $-30°$). Für die Linie St. Severin zum großen Tinghügel (Schreibweise nach Meßtischblatt), der eine Deklination von $+12,9°$ entspricht, finde ich keine Deutung. (Einzelheiten über Meßdaten usw. findet man in meiner oben zitierten Abhandlung.) Doch scheint mir, bei Durchsicht meiner Sylter Vermessungen, der Tinghügel ehemals ein Ortungsmal gewesen zu sein. Vom Mittelpunkt der Tinnumburg, s. die Nebenzeichnung der Abb. 67, die beim südlichen Ortsausgang von Westerland liegt, geht der Blick durch die nordöstliche Wallöffnung über den Tinghügel auf den Aufgangsort des Mondes, den er zur Zeit seines Stillstandes mit einer Deklination von $+18°$ einnimmt. Man hat die Tinnumburg, in der ich die Mondortungslinie eingetragen habe, oft als „Sonnenwarte" angesprochen, doch finde ich hierfür keine Zeugnisse.

Zusammenfassender Überblick. Mit den vorhergehenden Beispielen habe ich einige besondere Mondausrichtungen herausgestellt, die aber keineswegs allein dastehen. Blicken wir z. B. auf das umfassende Histogramm der Abb. 12, S. 24 zurück, so fallen uns die dem Mond zugeordneten Häufigkeitswerte bei den Deklinationen $-30°$, $-19°$, $+18°$ und $+28°$ (weniger ausgeprägt) sogleich in die Augen. Wir wollen nun diese hervorstechenden Häufigkeitswerte etwas genauer unter die Lupe nehmen und haben zu diesem Zweck in der Abb. 68 die Orientierungen auf die 4 Mondextreme in vergrößerten Bildern dargestellt, wobei jede ge-

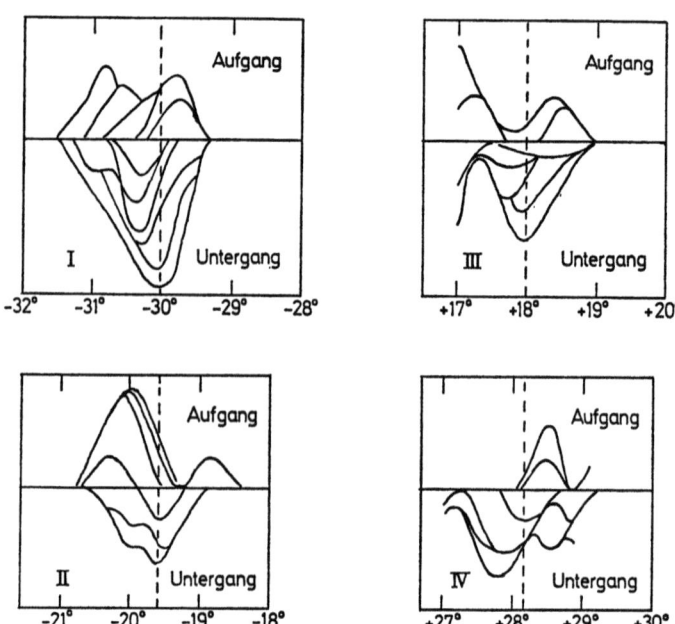

Abb. 68. Für einige Dutzende auf den Mond ausgerichtete Steinvisuren wurden die Deklinationen und für jede Zielrichtung die Fehlerkurve berechnet. Die Bilder I—IV zeigen die Auf- und Untergangsortungen in den 4 Mondextremen. (Nach A. Thom)

fundene Ortung in Form von Gaußschen Fehlerkurven zur Abbildung gebracht wurde. Die vertikal gestrichelten Linien stellen gewissermaßen den „Sollstrich" dar, der den wirklichen Monddeklinationen für das Jahr 1800 v. Chr. entspricht [11].

Bei der Betrachtung der 4 Bilder fällt uns zunächst auf, daß die meisten Ausrichtungen auf das unterläufige Mondextrem bei der Deklination um —30° fallen (Bild I). Das ist nicht verwunderlich; einmal nämlich beobachtet man diesen tiefsten Stand des Vollmondes um die bedeutsame Zeit der Sommersonnenwende, so daß man vom Mittsommermond spricht. Vor allen Dingen aber zieht der Mond, besonders in hohen geographischen Breiten, ja auffal-

---

[11] Die Horizontalparallaxe bewirkt es, daß die Sollwerte nicht genau mit den wahren Monddeklinationen zusammenfallen.

lend tief über dem Horizont seine Bahn. In diesem Zusammenhang ist es interessant, sich einmal einen Überblick über die Lage der Beobachtungsstätten zu machen, die man heute als Mondortungsplätze ansprechen darf: Von 50 Plätzen liegt (mit etwa 70%) die größte Häufung bei der geographischen Breite $\varphi =$ +56,6°, in der die Mitternachtshöhe unseres Erdbegleiters nur rund $4^{1}/_{2}°$ beträgt. Über die Verteilung der Mondortungen gibt folgende kleine Statistik (Tabelle 10) einen Überblick:

Tabelle 10. *Mondortungen in den Extremen*

Dekl.	Anzahl
−30°	16
−19	10
+18	11
+28	13

Beim Blick auf die 4 Zeichnungen der Abb. 68 fällt dem Betrachter eine gewisse „Unregelmäßigkeit" beim Bild III auf. Hier erkennt man links den Ansatz zu einem beginnenden neuen Häufigkeitswert, der dem Maidatum der Sonne entspricht (s. auch S. 25). Wenn man sich den großen Maßstab des Histogramms der Abb. 68 vor Augen hält, stellt man fest, daß die Abweichungen gegen die gestrichelt eingezeichneten „Nullwerte" nicht sehr groß sind. Man erhält übrigens eine sehr übersichtliche und anschauliche Darstellung, wenn man diese Abweichungen von allen 4 Bildern „zusammenwirft", wie es A. Thom in seiner Biographie „Megalithic sites in Britain" in allen Einzelheiten getan hat [39]. Ein solches Fehlerhistogramm, das aber nur für 3 Güteklassen gezeichnet wurde, soll uns die Abb. 69 zeigen, wobei die Größe der Mondscheibe maßstabgerecht wiedergegeben ist. Bei dieser Darstellung sind also alle Abweichungen gegen den „Sollstrich", die sich aus den 4 Einzelbildern der Abb. 68 ergeben (ohne Trennung von Auf- und Untergang), wie Fehler behandelt. Der Fehlerspielraum wurde auf ±0,8° beschränkt, weil — wir erwähnten es — das Monddatum +18° so dicht an das Maisonnendatum (Dekl. = +16,8°) rückt. Die Abb. 69 verrät uns, daß sowohl der Oberrand

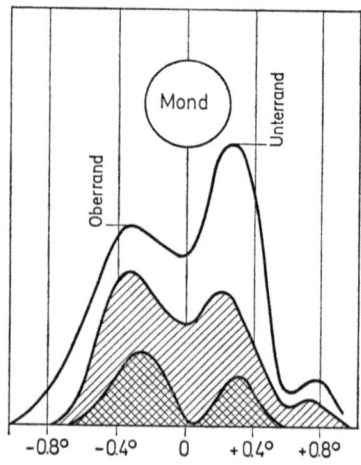

Abb. 69. Das Fehlerhistogramm der Mondortungen. Güte 1: doppelt schraffiert; Güte 2: gestrichelt; Güte 3: offen

als auch der Unterrand des Mondes beobachtet wurde, was bei allen 3 Güteklassen hervortritt.

Ich möchte dieses Fehlerbild als ein nicht zu erschütterndes und zwingendes Beweisstück dafür bezeichnen, daß der Mensch der Neusteinzeit der im 9,3jährigen Zyklus (18,61 Jahre) sich abspielenden Mondbewegung größte Beachtung schenkte.

Während der Drucklegung erschien 1969 eine weitere Arbeit von A. Thom mit dem Titel „The Lunar Observatories of megalithic man" [39]. Der Verfasser behandelt hier 24 (größtenteils neu) vermessene Mondwarten. In diesen als Visuren in Erscheinung tretenden Anlagen stecken folgende 4 astronomische Konstanten:

ε = Schiefe der Ekliptik.
i = Neigung der Mondbahn gegen die Ekliptik.
$\varDelta$ = Die in 173 Tagen sich abspielenden Schwankungen von i.
s = Der Halbmesser des Mondes (mittlerer).

Die reizvolle Aufgabe der vorliegenden Arbeit bestand nun darin, einzig und allein aus der Vermessung der auf den Mond ausgerichteten Anlagen die vier in ihnen steckenden Größen ε, i, $\varDelta$

und s zu berechnen. Ein Vergleich dieser aus den Beobachtungen gerechneten Größen mit den entsprechenden astronomischen Konstanten zeigte die beste und geradezu verblüffend genaue Übereinstimmung für die Zeit 1750 v. Chr. Wir stoßen damit wieder auf eine — wenn auch statistische — astronomische Datierung, die alle bisherigen Annahmen über die Epoche der Steinsetzungen glänzend bestätigt. Dieses Ergebnis veranlaßte A. Thom sich auch mit der Frage zu beschäftigen, wie der Mensch der Steinzeit seine Mondvisuren mit derartiger Genauigkeit ausrichtete, und wie ihm seine Mondwarten zu Finsternisvorhersagen dienen konnten. Wir können auf diese überaus interessanten Betrachtungen hier nicht näher eingehen; sie verlangen einige mathematische und astronomische Kenntnisse.

IX. Sterne als Richt- und Zeitweiser

Sternauf- und -untergänge. Wenn wir nach den Sternen Ausschau halten, so sehen wir sie z. B. Nacht für Nacht am gleichen Ort des östlichen Himmelsrandes aufgehen, bis der Tagesbeginn die Auf- und Untergangsbeobachtungen unmöglich macht. Dabei gehen die Sterne täglich rund 4 min früher auf und 4 min später unter. Neben diesen in den Nachtstunden zu beobachtenden Auf- und Untergängen gibt es noch besondere sog. Früh- und Spätaufgänge, mit denen es folgende Bewandtnis hat: Jedes Jahr einmal kommt nämlich der Zeitpunkt, an dem man einen Stern in der Dämmerung des Morgenhimmels zum erstenmal erblickt, man nennt diese Aufgangserscheinung den Frühaufgang des Sternes (heliakischer Aufgang). Beim Untergang eines Sternes gibt es einen entsprechenden Frühuntergang, der als Zeitpunkt des ersten sichtbaren Unterganges in der Dämmerung definiert ist. Wir wissen, daß man bei den Ägyptern fleißig die Frühaufgänge des Sirius (Sothis) Jahrzehnte hindurch beobachtete. Sie fielen mit der Nilflut zusammen, die das verdorrte Land mit fruchtbarem Schlammwasser übergoß. Auf beiden Naturerscheinungen baute sich der ägyptische Kalender mit dem Sothisjahr von $365^{1}/_{4}$ Tagen und der großen Schaltperiode (Sothisjahr) von 1460 Siriusjahren auf.

In den europäischen Megalithkulturen finden sich viele Spuren, die sehr sicher darauf hinweisen, daß man Steinkreise, Ganggräber

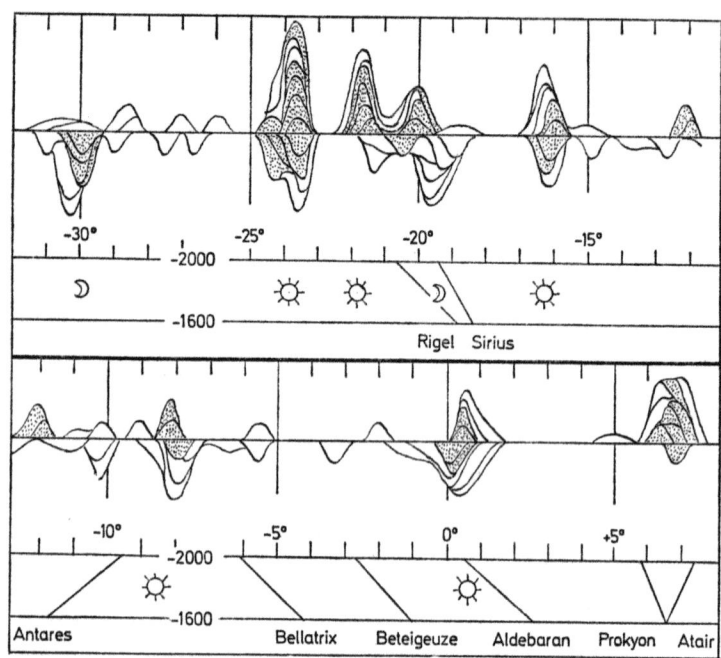

Abb. 70. Aufzeichnung von 244 im britischen Kulturkreis ausgemessenen Steinsetzungen in Form von Fehlerkurven. Die Darstellung erfolgte in einer Deklinationsskala, wobei jeweils für jede einzelne Richtlage aus den Meßdaten die ihr entsprechende Deklination in Erscheinung tritt. Der darunter befindliche Schlüssel verzeichnet die Deklinationen von Sonne und Mond (durch Symbole gekennzeichnet) für das Jahr 1800 v. Chr. Bei den Sternen ist der Deklinationsverlauf für die Zeiten zwischen −2000 bis −1600 eingezeichnet. (Nach A. Thom)

usw. nach den Auf- oder Untergangsorten hellerer Sterne ausrichtete; die Zahl solcher Sternortungen geht in die Dutzende. Daß man dabei den erwähnten Früh- oder Spätaufgängen Beachtung schenkte, die in Verbindung zum 365tägigen Sonnenjahr gebracht werden konnten, scheint mir durchaus möglich, doch läßt es sich nicht beweisen.

Unsere Aussage, daß die Sterne Jahr für Jahr am gleichen Ort auf- oder untergehen, ist streng genommen nicht richtig, denn die Positionen der Sterne an der Himmelssphäre — und damit auch

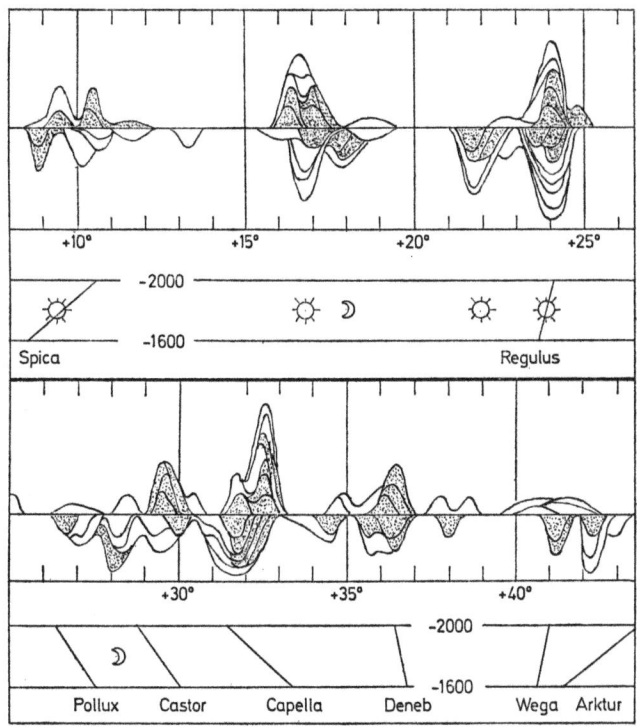

ihre Auf- und Untergänge — erfahren, wenn auch nicht nach Jahren, so doch nach Jahrzehnten, manchmal schon merkliche Veränderungen [12]. Bei der Frage nach der Orientierung von Steinsetzungen nach den Sternen ist diese Ortsveränderung daher sehr wohl zu beachten.

Das Ortungsdiagramm der Sterne. Um welche Beträge es sich bei den erwähnten Veränderungen, die natürlich auch die Deklina-

---

[12] Infolge der von den Körpern des Sonnensystems (Mond, Sonne und Planeten) ausgehenden Anziehung auf den „Äquatorwulst" der Erde vollführt die Erdachse auf einem Kegelmantel in rund 26 000 Jahren einen Umlauf. Der Öffnungswinkel des Kegelmantels beträgt 23$^{1}/_{2}$°. An der Himmelssphäre spiegelt sich dies als eine sog. Präzessionsbewegung der Sterne wieder.

tionen der Sterne betrifft, handelt, zeigt uns ein Blick auf die Abb. 70. Dieses Diagramm bildet die Grundlage für die Beantwortung der Fragen, die uns bei der Deutung der Orientierung steinerner Anlagen nach den Sternen beschäftigen sollen. Um die Entstehung dieser Darstellung nochmals zu erklären, soll kurz der Gang der Ermittlung geschildert werden: Der Forscher oder Bearbeiter suchte sich zunächst die Richtungen, also die Azimute aller ihm zugänglichen oder von ihm vermessenen Visuren, die zwischen den steinernen Anlagen erkennbar waren, zusammen. Durch eine einfache Rechnung verwandelte er die gefundenen Azimute in Deklinationen, wobei die Bestimmungsstücke Azimut, geographische Breite des Beobachtungsortes und die Höhe des Horizontes in die Rechnung eingehen. (Letztere ist noch auf die Strahlenbrechung zu korrigieren.)

In der Abb. 70 ist nun jede Ortungslinie bei der ihr zukommenden Deklination durch einen Kurvenzug dargestellt. Die Höhe und Breite der einzelnen Kurven veranschaulichen dabei ihre Güte, und besonders gut definierte Richtlagen wurden punktiert hervorgehoben. (Mathematisch ausgedrückt handelt es sich bei den Formen der Kurven um sog. Gaußsche Fehlerkurven.) Wir sind einer ähnlichen Darstellung schon bei der Betrachtung des Sonnenkalenders (S. 24) begegnet und haben auch hier an den betreffenden Stellen durch Symbole die Deklinationswerte von Sonne und Mond (für das Jahr 1800 v. Chr.) im „Schlüssel" unter den Kurvenbildern wieder vermerkt. In diesem Schlüssel zeigen uns weiterhin die Striche den Deklinationsverlauf von 16 helleren Sternen zwischen den Jahren —2000 bis —1600 an. Man sieht z. B., daß sich die Deklination von Antares in den 400 Jahren von etwa $11^{1}/_{2}°$ auf $9^{1}/_{2}°$ verringert. Bei Capella, die heute eine Deklination von $+46,0°$ hat, betrug diese im Jahre $-2000 = +31,4°$, sie wuchs dann bis zum Jahre —1600 auf $+33,5°$ an.

Die Deutung der Sternvisuren. Nach der Erklärung des Deklinationsdiagramms wenden wir uns nun der Deutung zu, die auf den Versuch hinausläuft, auffallende Anhäufungen von Fundorten mit den „Sternstrichen" des Schlüssels zu identifizieren. Betrachten wir zunächst die auffallend dicht sich drängenden Kurvenscharen bei der Deklination um $+32°$, so zeigt der Schlüssel, daß man sie ganz offensichtlich der Capella zuschreiben muß. Bei den weiteren Vergleichen erkennen wir, daß einige Sterne in der Nähe von Anhäufungen liegen, die wir bevorzugt als Sonnen- oder Mondortungen anzusprechen haben. So fallen die allgemeinen Richtungen von Spica, Regulus und z. T. auch von Aldebaran mit Sonnenkalenderdaten zusammen. Es bleibt bei diesen Sternen unsicher, ja fraglich, ob hier Sternauf- oder -untergänge unter Beobachtung standen, denn die Sonnenausrichtung war bestimmt wichtiger. Wir erkennen weiter, daß bei der Deklination um $-19°$ das Mondsymbol eng von Rigel und Sirius umgrenzt wird, ein Fall, der auch hier die Deutung als Sternvisur unsicher macht. Man sollte meinen, daß Sirius, der hellste der Fixsterne, mit dem vielleicht nur eine Richtung identifiziert werden kann, besonders wegen seiner tiefen Südbahn zur Beobachtung geradezu anreizen mußte. Aber Sirius fehlt praktisch in unserem Bild. Nach der Meinung von A. Thom [39] benötigt Sirius keine besondere Markierung, weil die 3 Gürtelsterne des Orion seinen Auf- und Untergang anzeigen. So ganz überzeugt mich allerdings diese Erklärung nicht.

Wir müssen also von den 16 Sternen, die das Diagramm verzeichnet, 5 Sterne außer Betracht lassen. Wie steht es aber mit den weiteren Fixsternen? Gehen wir der Reihe nach, so stößt man bei der Deklination um $-10°$ auf einige Steinsetzungen, die man wohl dem Antares zusprechen darf. Die dann folgenden Orionsterne Bellatrix und Beteigeuze sind in dem Diagramm nur recht spärlich vertreten. Dagegen fällt die Kurvenhäufung zwischen $+6°-+7°$ auf, die recht genau den Deklinationen der Sterne Procyon oder Atair entspricht. Es ist möglich, daß beide Sterne beobachtet wurden, was man nicht entscheiden kann. Ich neige dazu, bei der Deutung dem hellen Procyon den Vorzug zu geben. Die Anhäufung von Kurven beiderseits des Mondortes bei der Deklination um $+28°$ sprechen für die Zwillingssterne Castor und Pollux. Mit den stark hervortretenden Capella Visuren werden wir uns später noch zu beschäftigen haben (S. 131). Auch von den dann folgenden Sternen Deneb, Wega und Arktur wird im Abschnitt „Uhrensterne" (S. 136) ebenfalls noch die Rede sein.

Meiner Meinung nach darf man nach Vergleich und Deutung des Diagramms als bestätigt ansehen, daß der Mensch der Vorzeit den Auf- und Untergängen folgender Sterne (Tabelle 11) zweifellos Beachtung schenkte. Die Sterne der Tabelle sind ihrer Hellig-

Tabelle 11. *Helle Sterne*

Stern	Sternbild	Gr.	Deklination −2000	−1600	h_E
Arktur	Bootes	−0,1	+42,7°	+40,3°	0°
Wega	Leier	+0,0	+41,6	+40,9	0
Capella	Auriga	+0,1	+31,4	+33,5	0
Procyon	Kl. Hund	+0,4	+ 5,8	+ 6,6	0,3
Atair	Adler	+0,8	+ 7,4	+ 6,7	0,7
Antares	Skorpion	+0,9	− 9,5	−11,7	0,9
Pollux	Zwillinge	+1,2	+26,4	+27,6	1,2
Deneb	Schwan	+1,3	+36,5	+36,8	1,3

keit (Gr. = Größenklasse) nach geordnet [13]. (Die Spalte h_E, der Verlöschungspunkt, wird im folgenden Abschnitt erläutert.)

Die Sterne verlöschen. Wenn man einen sich etwa zum Untergang neigenden helleren Stern bis zu seinem Verschwinden beobachtet, stellt man sogleich fest, daß er horizontnah gewaltig an Helligkeit abnimmt. Viele helle Sterne verblassen oder verlöschen bereits vor ihrem wirklichen Untertauchen am bergfreien Himmelsrand. Eine solche Verminderung des Sternenlichtes, die man Extinktion (Auslöschung) nennt, kommt dadurch zustande, daß das Licht der nahe dem Horizont stehenden Sterne einen weit größeren Weg durch die das Licht absorbierenden Luftschichten durchlaufen muß als etwa bei den hoch zu unserem Haupt stehenden Gestirnen. Wir wollen nicht auf Einzelheiten der Extinktionstheorie eingehen, uns interessiert hier die Frage, in welcher Höhe in Abhängigkeit von der Helligkeit des Sternes dieser praktisch unsichtbar wird. Diese Höhe, die ja maßgeblich in die Rechnung eingeht, nennt man den Verlöschungspunkt h_E (Höhe in Abhängigkeit von der Extinktion). Die Verlöschungspunkte, die in besonders klaren und mondlosen Nächten angenommen werden dürfen, findet man für die helleren Sterne in der vorstehenden Tabelle 11 unter der

---

[13] Seit ältesten Zeiten wird die Helligkeit der Sterne durch 6 Größenklassen ausgedrückt, wobei die hellsten als 1. Größe und die dem bloßen Auge noch gerade sichtbaren Sterne als 6. Größe bezeichnet wurden. Die Helligkeitsskala ist später verbessert und erweitert worden, indem man bei den besonders hellen Sternen die Reihe über die Größen 0.Gr., −1.Gr., −2.Gr. usw. fortsetzte.

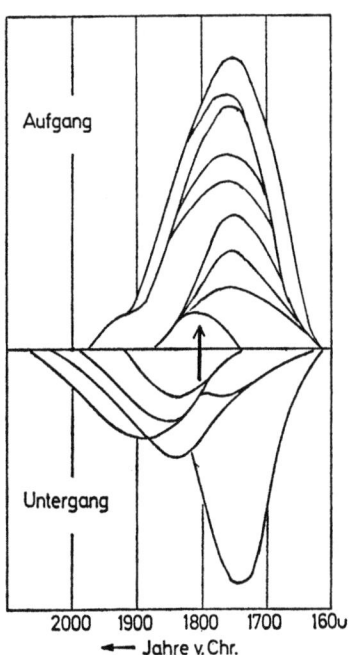

Abb. 71. Ortungen auf den Uhrstern Capella dargestellt in der Zeitskala. Der Mittelwert (Pfeil) fällt fast genau auf das Jahr 1800 v. Chr.

Spalte h_E. A. Thom, der den Begriff Extinktionswinkel für die sphärische Rechnung benutzte, fand aus 10 Fällen Verlöschungspunkte, die mit den von mir in der Tabelle angegebenen Werten gut übereinstimmen.

Chronologie und Sternvisuren. Wir wollen uns in diesem Abschnitt mit der Frage beschäftigen, was die aufgefundenen Sternvisuren zur Chronologie der Megalithkultur auszusagen vermögen. Zur Beantwortung dieser Frage behandele ich als Beispiel zunächst einmal den Fall Capella. Nach Durchsicht des Schrifttums werden für diesen Stern heute fast 30 Ortungen genannt. Genaue Einmessung von Visur und Gelände, sowie Güteabschätzung, was bei der Beurteilung von vermuteten Sternortungen immerhin wichtig ist, liegt für mehr als die Hälfte vor. Diese sich durch ihre Güte auszeichnenden Richtweisungen habe ich in der Abb. 71 dargestellt, wobei jede Ortung aufgrund ihrer Güte durch eine Fehlerkurve

(Gaußsche Fehlerkurve) sozusagen benotet erscheint. Das Bild ist hier nicht wie bisher auf die Deklinationsskala, sondern auf die Zeitskala bezogen. (Es ist dies ein einfaches Umrechnungsverfahren, weil ja die Deklination von Capella, die man aus den eingemessenen Richtungen ermittelte, für jede Zeitepoche bekannt ist.) Der Entwurf der Abb. 71 beruht im wesentlichen auf den Ergebnissen von Professor A. Thom [39] und wurde hier noch durch die von mir vorgenommene Capellavisur in den Steinkreisen von Odry erweitert [28]. Der dicke Pfeil entspricht dem Mittel aller durch die Fehlerkurven begüteter Ortungsrichtungen. Er weist rechnerisch auf das Jahr 1804 v. Chr. Die Fehlerbreite dieser Bestimmung ist verhältnismäßig gering, sie dürfte abgeschätzt höchstens etwa ±100 Jahre betragen, rechnerisch ergibt sich ein weit geringerer Fehlerwert.

Nun liegen außer diesem Einzelfall (Capella) heute insgesamt rund 60 Ortungsvorschläge für hellere Sterne vor, die auf verhältnismäßig guten Meßdaten beruhen. Für jede von diesen läßt sich natürlich mit Hilfe der bis zum Jahre 4000 v. Chr. vorliegenden Deklinationswerte der Sterne eine Datierung berechnen. Das Ergebnis dieser Durchrechnung führt für 52 der Fälle auf die Epoche 1840 v. Chr., stimmt also, wie zu erwarten war, praktisch mit der Capelladatierung überein. Nicht berücksichtigt sind bei dieser Mittelbildung 8 Ausrichtungen, die den Stern Deneb betreffen. Bei diesem Stern mit seinen gut ausgeprägten Visuren gibt es infolge einer um —3000 einsetzenden Umkehr des Deklinationsverlaufes entweder keine oder 2 Lösungen. Während die eine der Lösungen auf die Zeitepoche bis etwa 4000 v. Chr. führt und nicht in Frage kommt, erhält man bei der anderen die allerdings mit größeren Fehlern behaftete Zeit um 1900 v. Chr.

Zusammenfassend darf man das wichtige Ergebnis, das von der archäologischen Forschung beachtet werden sollte, folgendermaßen ausdrücken: Die aufgrund der astronomischen Orientierungstheorie vorgenommene Altersbestimmung aus den Sternen führt für die britische Megalithkultur auf die Zeitepoche um 1800 v. Chr. Sonnen- und Mondortungen lassen, von Ausnahmen abgesehen, keine so klare Datierung zu. Der Beobachtungsbefund bei Sonne und Mond findet aber die beste Erklärung, wenn man auch hier die Epoche um 1800 v. Chr. zugrunde legt.

Der Sternenhimmel über uns. Die Sterne, die mit ihrem funkelnden Glanz das Himmelsgewölbe schmücken, lenkten von jeher in ehrfurchtvoller Bewunderung den Blick des Menschen auf sich. Ihr täglicher Reigen um den Himmelspol ließ bei vielen frühen Völkern die Vermutung aufkommen, daß die Sterne beseelte göttliche Wesen seien, die, wenn sie keinen Untergang hatten, immerwährend wirksam sein mußten oder deren Lebenskraft im Untergang verlosch und im Aufgang wieder neu erstand. Oder waren die Gestirne der Nacht die Geister der Toten? Sollte bei der Bestattung der Toten in den Megalithgräbern die vorgenommene himmelskundliche Ausrichtung ihnen oder ihren Seelen den Weg ins Jenseits weisen? Wir wissen es nicht, denn „wer die Menschen kennenlernen will, muß erst den Himmel kennen, der den Menschen ihre Natur und sein Gesetz gegeben hat" (Konfuzius um 500 v. Chr.).

Außer dem magischen Zauber, den die Sterne auf den Menschen ausübten, boten von praktischer Sicht aus betrachtet, Auf- und Untergangsrichtungen der Sterne Kalender- und Zeitmarken. Doch ehe wir auf den Nutzen solcher Sternbeobachtungen am Himmelsrand zu sprechen kommen, möchte ich dem Leser mit einer Sternkarte (Abb. 72) die Verteilung der Sterne und ihre Zusammenfassung zu Sternbildern, die zumeist auf griechische Mythologie zurückgeht, vor Augen führen. Bei den Griechen waren es zumeist Gestalten, die mit der Götter- und Heldensage in Verbindung standen. Bei den Germanen finden wir eine der griechischen Vorstellung nahekommende Verstirnung, die von alten Ereignissen und Sagen und den Taten der Götter erzählt.

Den Versuch einer Wiederherstellung des nordisch-germanischen Himmels, von der auch unsere Sternkarte spricht, verdanken wir O. S. Reuter [32]. Die Milchstraße, die für viele Völker der Pfad der Götter, Geister oder Seelen war, ist in germanischer Vorstellung Irings Weg, der als Sohn Odins die Götter zum Kampf gegen das Böse aufrief. Die beiden Arme, die sich nach Teilung der Milchstraße im Sternbild Adler nach Norden wenden, hießen Wil und Wan; man sah in ihnen den Geifer, der dem Sternbild großer Wolfsrachen entströmt. Das schöne Sternbild Nördliche Krone heißt Aurwandils des Frühlingsgottes Zehe, die Thor an den Himmel warf. Thor aber auch Odin rühmten sich den kraftkühnen Rie-

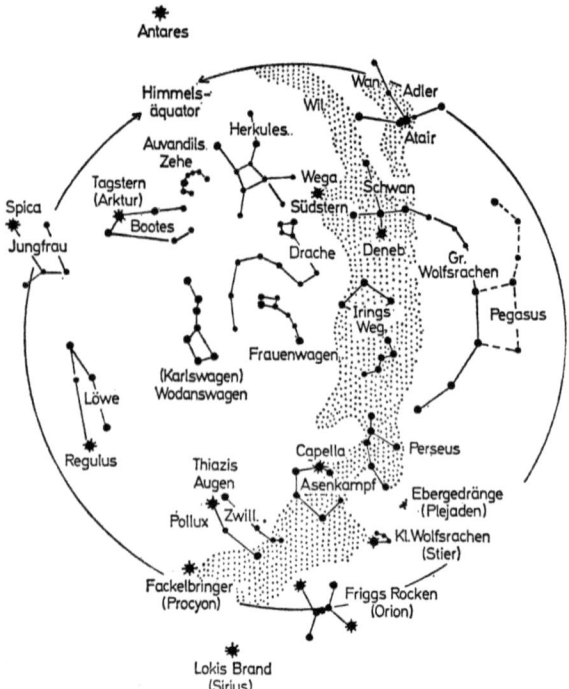

Abb. 72. Sterne und Sternbilder. Germanische Verstirnung nach O. S. Reuter

sen Thiazzi erschlagen zu haben, sie warfen die Augen an den Himmel und machten zwei Sterne daraus (Castor und Pollux). Auf dem Wodanswagen, der später Karlswagen genannt wurde, führt der Gott die Seinen in lichte Höhen empor. Die Quellen, denen O. S. Reuter (l.c.) sehr umfangreiche und beachtenswerte Studien widmete, sind verhältnismäßig jung, gehen aber bestimmt in vielen Fällen auf ältere nordische Überlieferung zurück.

Felszeichnungen und Schalensteine. In den bronzezeitlichen Felsbildern von Bohuslän (Schweden, um 1000—500 v. Chr.) gibt es Darstellungen von Sonnen- und Sternbildern, die meist in Verbindung mit Göttergestalten oder Schiffen auftreten. Besonders eindrucksvoll tritt dabei, wie es H. Kühn [24] überzeugend aufzeigte, das bereits erwähnte Sternbild Nördliche Krone sowie das bekannte W, das die Sterne der Cassiopeia an den Himmel zeichnen, hervor.

Auch auf Näpfchen- oder Schalensteinen glaubte man vielerorts Zeichnungen von Sternbildern entdeckt zu haben. Hierzu gehört der sog. Totenstein im Königsheimer Gebirge (Kreis Görlitz), auf dem Professor Hopmann (nach Mitteilung in einem Vortrag) Sternkonstellationen identifizieren konnte. Ferner fand O. F. Gandert [12] in der Dübener Heide (Kreis Bitterfeld) 2 größere Granitblöcke, die mit zahlreichen Näpfchenvertiefungen versehen sind und der mittleren jüngeren Bronzezeit zugesprochen werden. Mit etwas Phantasie läßt sich auf einem der Steine die Konstellation des Himmelswagen erkennen, während auf dem zweiten Stein eine etwa 45 cm lange Halbmondrille in der Mitte einer Gruppe von Näpfchen zu sehen ist. Bei der oft verwirrenden Vielfalt der Näpfchenanordnung auf den Steinen, die man nicht nur überall im nördlichen Europa, sondern auch jenseits der Alpen findet, ist es natürlich keineswegs angebracht, auf ihnen nun unbedingt Sternzeichen entdecken zu wollen. Doch gibt es Fälle, bei denen auf Felsbildern oder Schalensteinen die Anordnung der Zeichnung oder der Vertiefungen zweifellos dafür spricht, daß der Künstler Sternbilder zur Darstellung bringen wollte.

Ein Beispiel hierfür bietet der in der Tschötscher Heide (nördlich von Brixen, Südtirol) entdeckte Schalenstein, dem Dr. G. Innerebner eine eingehende Studie widmete [19]. Es handelt sich dabei um eine recht gute Wiedergabe des Himmelswagens (Großer Bär). In der Abb. 73 ist dieses Sternbild, wie es sich am Himmel im Meridian (Nord-Süd-Richtung) für einen auf dem Schalenstein stehenden Beobachter nahe dem Zenit zeigt, dargestellt. Darunter sehen wir die von G. Innerebner ausgemessene maßstäbliche Anordnung der Näpfchen. Was es mit den nicht zur Figur des Himmelswagen gehörenden 2 Sternen (Näpfchen) auf sich hat, ist nicht recht klar, vielleicht handelt es sich über der Deichsel um Alpha Draconis und rechts vom Wagenkasten um den Stern Theta Ursae majoris? Bei den linken Deichselsternen ist (natürlich später) ein Kreuz eingemeißelt.

Die Ähnlichkeit der Bilder ist in der Tat verblüffend, wenn auch die alte Darstellung gegenüber dem „Original" eine gewisse Verzerrung aufweist. Wir müssen aber bedenken, daß wir es nicht

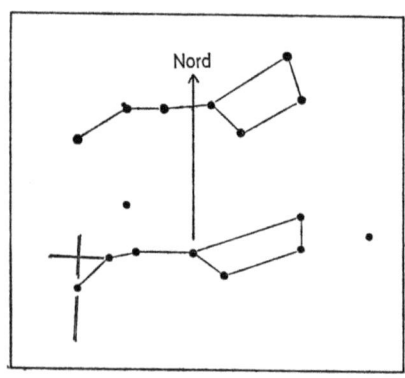

Abb. 73. Der Schalenstein auf der Tschötscherheide (Südtirol). Oben: Die wahre Sternkonstellation des Himmelswagens. Unten: Maßstäbliche Anordnung der dem Sternbild entsprechenden Schalenanordnung auf dem Stein. (Nach G. Innerbner, Bozen)

mit einer auf astronomischer Vermessung beruhenden Sternbildkarte zu tun haben, man muß vielmehr das Bild als eine Gedächtnisskizze betrachten. Nach Dr. G. Innerebner gehört der Fund in die ausgehende Laténezeit (um die Zeitwende). G. Innerebner sieht in dem Bild nicht nur eine bloße Sternbilddarstellung, sondern einen Jahreszeitweiser. Nach seinen Rechnungen ergibt sich nämlich, „daß um die Zeitwende herum sowohl die Winter- als auch die Sommersonnenwende in auffallender Weise durch das erste Erscheinen des Großen Wagens im Zenit (in der durch die Schalenformation aufgezeigten Lage) am Morgenhimmel bzw. durch das letzte Verlöschen am Morgenhimmel markiert sind." Vielleicht mag dem einen oder anderen diese Deutung etwas kühn erscheinen; als Arbeitshypothese scheint mir dadurch eine plausible Erklärung für die vorgefundene Ausrichtung des Sternbildes aufgezeigt zu werden.

Uhrsterne. Ein besonderes Interesse wird den Sternen gegolten haben, die fast oberläufig (zirkumpolar) in ihrer tiefsten Stellung nur kurze Zeit beim oder unter dem Nordpunkt des Himmelsrandes verschwanden und als Uhrsterne, als Zeitmesser der Nachtstunden, dienen konnten. Zu ihnen zählten damals (1800 v. Chr.) die 3 besonders hellen, nämlich Wega, Arktur und Capella und als

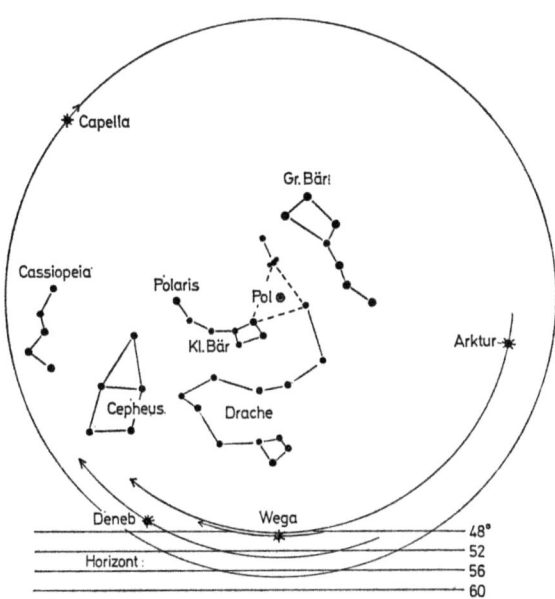

Abb. 74. Die um den Nordpol kreisenden Sterne um die Zeitepoche 1800 v. Chr. Unser heutiger Polstern (Polaris) war damals 21° vom Pol entfernt

4. der etwas lichtschwächere Deneb. Eine Sternkarte um den damaligen nördlichen Himmelspol, in der die tiefsten über Nord verlaufenden Bahnen der Sterne verzeichnet sind, zeigt uns die Abb. 74. Wagerechte Striche markieren den Horizontverlauf für 4 geographische Breiten, die etwa den Grenzen der europäischen Megalithkultur entsprechen.

Wir erkennen, daß es um das Jahr —1800 keinen beim Himmelspol stehenden „Polarstern" gab. Polaris, wie unser heutiger Polstern heißt, stand damals rund 21° von der Umschwungmitte des Himmels entfernt. Der Pol lag aber inmitten eines Dreiecks von Sternen, dessen Ecken durch zwei Drachensterne und den hellsten „Kastenstern" des kleinen Himmelswagen (Kleiner Bär) gebildet wurde. In 24 Std tanzte täglich das Dreieck der Sterne — wir haben es in der Abb. 74 gestrichelt hervorgehoben — um die „Weltenmitte". Man darf mit Sicherheit vermuten, daß man so nicht nur bald den Drehpunkt Nord erkannte, sondern daß der

„Punkt" auch der Seefahrt als Leitsternmarke diente. Der Anblick des nördlichen Himmelsausschnittes um —1800 lehrt uns ferner, daß Wega und Arktur nahezu den gleichen Polabstand hatten und für die meisten geographischen Breiten zirkumpolar waren, d. h. als oberläufige Sterne keinen Auf- oder Untergang hatten. Doch genügte oft eine gar nicht so hohe Bergkulisse um den Nordpunkt, daß diese Sterne doch kurz untertauchten. Bemerkenswert ist die Stellung von Deneb zu Wega und Arktur, die in bestimmten Zeitabständen Nacht für Nacht den Nordpunkt des Himmelsrandes berührten (untere Kulmination) oder nur kurze Zeit bei ihm verschwanden.

Zur Zeit der Herbsttag- und -nachtgleiche, auf die ich das Kartenbild ausrichtete, stand z. B. Wega damals gegen 20 Uhr in unterer Kulmination; fast genau 2 Std früher hatte Deneb den unteren Kulminationspunkt bereits durchschritten, und rund 5½ Std später wiederum erreichte Arktur seinen Tiefststand am Nordpunkt. Damit ergab sich, gleichgültig ob die Uhrsterne kurz Untergang oder Aufgang hatten, eine vorbildliche Zeituhr, die Nacht für Nacht ihre Gültigkeit hatte. Täglich verfrühte sich zwar der tiefste Nordstand der Sterne um 4 min, doch blieb natürlich die „Uhr" in sich gleich. Zu anderer Jahreszeit erreichte dann auch Capella, die Arktur am Himmel gegenüberstand, ihre tiefste Nordfahrt. Capella, die damals 2—3 Std lang untertauchte, hatte daher sehr wohl ihre Auf- und Untergangspunkte, sie wurden, wie wir bereits erwähnten, von den Himmelskundigen besonders oft und gut vermerkt.

Der Jahreslauf der Sterne. Wir müssen noch einmal auf die tägliche Drehung des Sternenhimmels zu sprechen kommen, bei der sich z. B. der Aufgang oder die untere Kulmination eines Sternes um 4 min tägl. verfrüht (genau um 3 min 55,9 sec). Wenn also, wie es in unserer Abbildung dargestellt ist, Wega an einem bestimmten Tage im Herbst um 20 Uhr über dem Nordpunkt des Himmelsrandes steht, dann findet am nächsten Tag dieses Ereignis um 19.56 Uhr und wieder einen Tag später um 19.52 Uhr statt. Nach einem Jahr — also nach rund 365 Tagen — ist diese Verfrühung dann auf einen Tag angewachsen, es ist dann alles wieder beim alten. Etwa in ähnlicher Weise konnten natürlich auch die Zielrichtungen zu den Auf- oder Untergangspunkten aller Sterne als Kalendermale des Jahres dienen, mit denen man also Jahreszeiten oder Daten besonderer Fest- und Opfertage sehr genau bestimmen konnte.

Weltmitte und Drehpunkt des Himmels. Wir sprachen von der Weltmitte und dem Drehpunkt des Himmels. Ich möchte in diesem Zusammenhang auf Quellenstudien hinweisen, die wir über den Himmelspol in O. S. Reuters Germanische Himmelskunde finden [32]. O. S. Reuter meint, daß die altsächsische Irminsul, die in heidnischer Zeit als Heiligtum in Form einer hölzernen Säule verehrt wurde, „gleich der nordischen Weltesche ein Sinnbild derjenigen Weltstütze war, die dem Auge allnächtlich sichtbar im Himmelspol gipfelt". Für unsere Betrachtung scheint mir O. S. Reuters Hinweis auf einen angeblich steinzeitlichen Fund beachtenswert, über den A. Feddersen [9] folgendes berichtet: „Beim Torfgraben im Skielmoor in Jütland fand man etwa 30 cm unter der Grasnarbe einen aufrechtstehenden ausgehöhlten Eichenstamm von 1 m Höhe. Er war mit dem dickeren Ende nach oben in einen „Steinhaufen" eingebettet, und an seinem Boden fand man Bruchstücke einer runden Handmühle (Granit)." Vielleicht dürfen wir in diesem „Weltpfahl" einen Hinweis auf die Verehrung und die Bedeutung des Drehpunktes am Himmel sehen? In den Vorstellungen mancher Völker wird die Kreisung der Gestirne zuweilen mit der eines Mühlsteins oder einer Handmühle verglichen. Auffällig ist auch die Aufstellung der Holzsäule mit der Spitze (Krone des Baumes) nach unten und der „Wurzel" nach oben, die für die Weltallssäule (Irminsul) bezeugt zu sein scheint.

Die Wandelsterne. Die hellen Wandelsterne, von denen besonders Venus und Jupiter die hellsten Fixsterne bei weitem an Helligkeit übertreffen, wurden von den Himmelskundigen aller frühen Hochkulturen mit Eifer und oft verblüffender Genauigkeit beobachtet. Mit ihnen und ihrer wechselvollen Bewegung setzte der Himmel Zeichen, die man lesen und verstehen mußte, denn die Planeten wirkten nach astrologischer Vorstellung unmittelbar auf das Tun der Völker und das Leben des Menschen ein. Die Babylonier, die das erste uns bekannte astrologische System entwickelten, waren Meister in der Beobachtungskunst und wahre Zauberkünstler in der Deutung der tausend Möglichkeiten, welche die

Planeten- und Gestirnaspekte boten. Die Maya Astronomen gaben sich mit viel Geschick der Beobachtung der Wandelsterne hin, wovon die Venustafel im „Dresdener Kodex", dem kostbarsten der uns überlieferten Mayabücher, Zeugnis ablegt. Beim „Lesen", d. h. der Auszählung von Knotenschnüren der Inka, fand man Zahlengruppen, die uns heute noch vom himmelskundlichen Wissen der alten Peruaner über den Lauf der Planeten berichten können.

Nach diesem Rückblick liegt die Frage nahe, ob nicht auch in den Megalithkulturen, die uns ja in ihren Steindenkmälern und deren Ausrichtung viel himmelskundliche Kenntnisse offenbaren, Spuren von der Beobachtung der Planeten anzutreffen sind? Die Antwort ist ein klares Nein! Diese Aussage ist zu erwarten, weil bei dem unsteten Horizontstand der Wandelsterne keine Richtmale, von denen ja nur die Steine reden können, aufgefunden werden können. Die Forscher versuchen zwar aus den hie und da gefundenen Gravierungen Hinweise auf Gestirnssymbole zu ergründen. So lange jedoch nicht Zeichen oder Bilder gefunden werden, die mit völliger Sicherheit auf einen Planeten oder auch auf seine Bewegung hindeuten, müssen wir uns leider mit der verneinenden Aussage begnügen. Dennoch darf mit großer Wahrscheinlichkeit vermutet werden, daß der so augenfällig unregelmäßige Gang der Planeten von dem Menschen der Megalithzeit, der dem Himmel so eng verbunden war, verfolgt und beobachtet wurde.

In O. S. Reuters Untersuchungen der germanischen Himmelsüberlieferung [32] findet man auch keine eigenständigen Spuren alter Kenntnisse der Planeten. Die vielleicht früher vorhandenen Planetennamen sind verloren und verdrängt, nur eins steht fest, daß die Wandelsterne von den festen Himmelsfeuern unterschieden wurden. In Snorris Edda (um 1220) werden die Wanderer unter den Sternen lose Sterne genannt, von deren Bahnen es in der Schöpfungssage nach O. S. Reuters freier Auslegung so heißt:

„Alle Gestirne fuhren zunächst lose einher; es gab noch keinen Himmel, den die Götter erst danach aus des erschlagenen Weltallriesen Schädeldecke schufen. Dann aber gaben die Götter einigen Sternen Stätte fest am Himmel, andere aber fuhren noch wie vor lose unter dem Himmelsdach einher: Dennoch aber gaben die Götter auch diesen Stätte und schufen ihren Gang."

X. Zeitmarken im Alpenraum

Die Uhrenberge. In den Gebirgsgegenden der Alpen findet man allerorts Berge, die Mittagsnamen tragen. Ihre Bedeutung ist klar, konnte man doch, als es noch keine Uhren gab, die Mittzeit des Tages bestimmen, wenn die Sonne über dem Mittagsberg stand. In den Talsiedlungen, die von hohen Bergen umschlossen sind, tritt dabei der tiefe oft die Berge berührende Winterlauf der Sonne (und auch des Mondes) besonders auffallend in Erscheinung. Man konnte dabei über den Uhrenbergen sehr genau auch das langsame Sinken der Sonne, die ihre Wende ankündigte, beobachten. Die Stunden der Berguhren reichen von „Neun" bis „Eins", am meisten treffen wir „Zwölfer" oder auch Kombinationen von „Elfer" und „Zwölfer" an.

Bei der Untersuchung solcher Bergspitzen-Sonnenuhren bedarf es eingehender Überlegungen über den jährlichen Sonnenlauf, der sich als Schattenwurf im Gelände widerspiegelt. Findet man zwei oder mehr zeitweisende Stundenbergnamen vor, die von einem Beobachtungsstandpunkt benutzt wurden, ergibt sich die Möglichkeit, die Beobachtungsstätte, die vielleicht auf den Ort einer vorgeschichtlichen Kultstätte hinweist, rechnerisch zu lokalisieren.

Die Erforschung solcher Bergspitzen-Sonnenuhren im südlichen Alpenraum gehört seit Jahren zu dem Arbeitsgebiet des Südtiroler Heimatforschers Dr. G. Innerebner, Bozen. Ihm verdanken wir nicht nur die Auffindung, Vermessung und Zuordnung Dutzender zeitweisender Bergnamen, sondern auch wertvolle Bearbeitungshinweise.

Die Sextener Uhrenberge. Ein besonders aufschlußreiches Beispiel bieten nach G. Innerebners Untersuchungen [20] die Neuner-, Zehner-, Elfer-, Zwölfer- und Einserkofel bei Sexten im Pustertal. (Als Zehnerkofel wird in Sexten die Rotwand und eine kleine links davon liegende Spitze, das Zehnerköfele genannt.) In unserer Karte (Abb. 75) sind die von G. Innerebner berechneten Stundenlinien eingezeichnet, die sich südlich des Dorfes Moos enger vereinigen. Mit anderen Worten: In dieser Gegend stimmen Sonnenlauf und Bergnamen recht gut überein. Dr. G. Innerebner macht nun darauf aufmerksam, daß der nicht fern von hier liegende trigonometrische Punkt 1412 m den Namen Heidegg (Heidenbühel?)

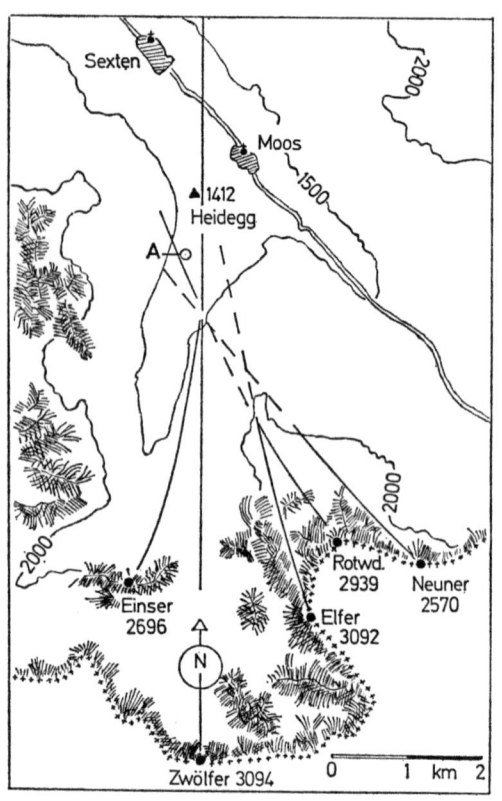

Abb. 75. Die Spitzenschattenlagen des Neuner-(Zehner)-Elfer-Zwölfer und Einerkofels bei Sexten. A = Aufnahmestandpunkt der Abb. 76. (Nach G. Innerebner)

führt. Der Heidegg liegt fast genau im Meridian des Zwölferkofels", und man sieht von hier aus in guter Näherung die Sonne zu allen von den Stundenbergen angezeigten Zeiten. „Die Vermutung", so meint G. Innerebner, „scheint daher gerechtfertigt, daß wir es hier mit einem vorzeitlichen, sicherlich auch durch Bodenfunde nachweisbaren Kult- und Siedlungsmittelpunkt des ganzen Tales zu tun haben." Man darf dem zustimmen, zumal Dr. G. Innerebner später urzeitliche Tonscherben an den Hängen des Heidegg aufgefunden hat.

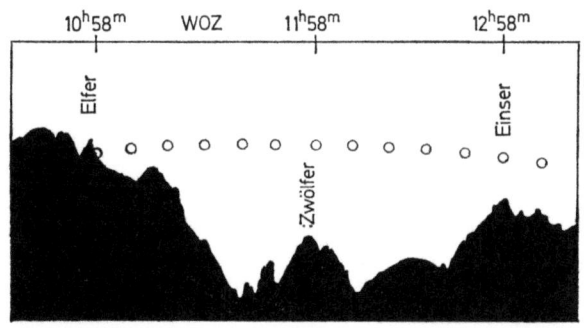

Abb. 76. Sonnenlauf über Elfer-Zwölfer und Einserkofel bei Sexten zur Wintersonnenwendzeit. (Nachzeichnung einer von G. Innerebner am 28.12.1946 erhaltenen Fotografie vom Standpunkt A der Abb. 75 aus)

Von dem auf unserer Umgebungskarte von Sexten angegebenen Standpunkt A fotografierte G. Innerebner um die Zeit der Wintersonnenwende in Abständen von genau 10 min den Sonnenlauf zwischen dem Elfer- und Einserkofel. Diese Reihenbildaufnahme habe ich in der Abb. 76 getreu nach der Fotografie abgezeichnet. Die 3 angegebenen Zeiten sind wahre Ortszeiten, die hier in Sexten am Aufnahmetag 12 min vor der Zonenzeit (MEZ) lagen. Das Beispiel spricht für sich und gibt Anlaß zu der Empfehlung, sich beim Ortungsnachweis solcher fotografischen Methode zu bedienen. Ich möchte mit dem Bild auch die Aufmerksamkeit auf das Aufgehen der Sonne am rechten Hang des spitzen Elferkofels lenken. Hier bietet nämlich die Bergkontur eine recht hervorstechende Marke zur sehr genauen Bestimmung des Zeitpunktes Wintersonnenwende.

Bergsonnenuhren bei Hallstatt. Hallstatt gehört zu den international bekanntesten Fremdenverkehrsorten Österreichs. Natur, Geschichte, die Berge und der See, das Salz und die Gletscherwasser des Dachsteins geben dem Ort sein besonderes Gepräge. Hallstatt aber gab vor allen Dingen einer früheren Periode der Menschheitsgeschichte, der ersten Eisenzeit (etwa 800—500 v. Chr.) seinen Namen. In der Nähe des heutigen Rudolfsturms, der mindestens von 750 v. Chr. an besiedelt war, wurde ein vorgeschichtliches Gräberfeld mit mehr als 2500 Gräbern aufgedeckt.

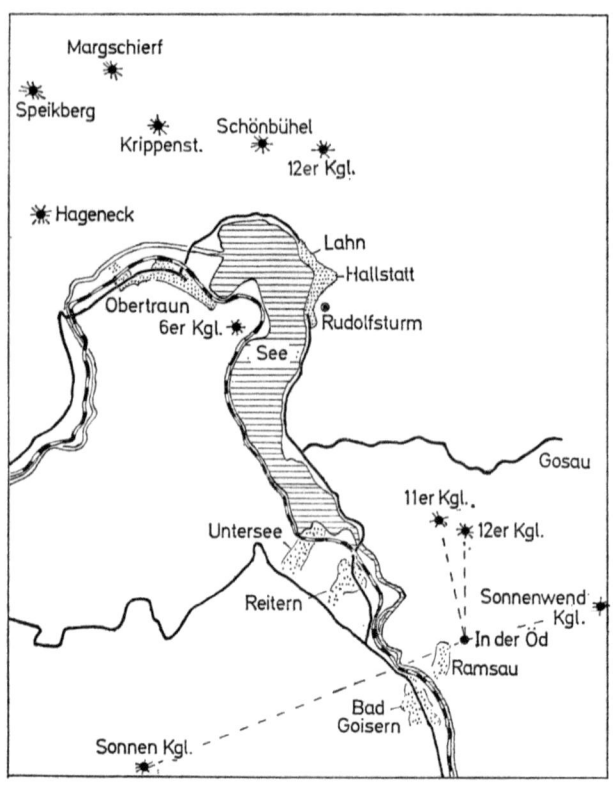

Abb. 77. Hallstatt und Umgebung mit 6er-, 11er-, 12er Uhrenbergen. (Entgegen üblicher Orientierung ist die Karte in Richtung zur Beobachtungsrichtung um 180° gewendet, also Süden oben)

Auf der Umgebungskarte des Hallstätter Sees (Abb. 77) finden wir bei Hallstatt einen Zwölfer- und Sechserkogel, und bei Bad Goisern einen Elfer- und Zwölferkogel vor. Im Hinblick auf die vorgeschichtliche Bedeutung, die der See als Wiege der Hallstattkultur einnimmt, möchte ich die hier von G. Innerebner durchgeführte Vermessung [22] kurz erläutern:

Es scheint außer Zweifel zu stehen, daß der Hallstätter Zwölfer- und Sechserkogel nur vom Turmkogel aus, auf dem heute der Rudolfsturm steht, Geltung hatte. Seine Umgebung darf als ein

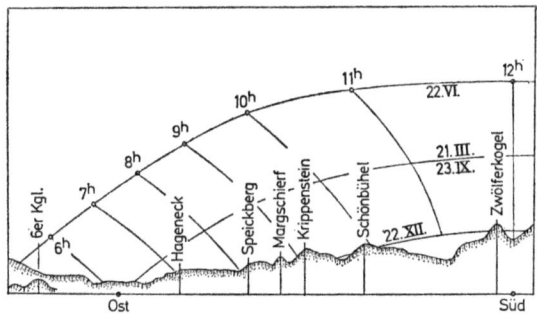

Abb. 78. Sonnenlauf über dem Bergkranz bei Hallstatt vom Rudolfsturm aus gesehen. (Nach G. Innerebner)

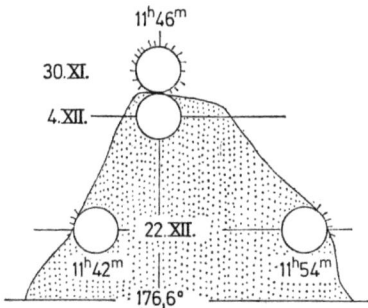

Abb. 79. Die Kontur des 12er-Kogels bei Hallstatt vom Rudolfsturm aus gesehen. Der Kogel ist nicht nur Uhrenberg, sondern bietet auch günstige Gelegenheit, den Sonnenlauf zur Mittwinterzeit zu fixieren. (Nach Messungen und Berechnungen von G. Innerebner)

zentraler Mittelpunkt des Hallstätter Kulturkreises bezeichnet werden, was ja auch das vorgeschichtliche Gräberfeld beweist.

Auf diesen Ort bezieht sich die von G. Innerebner durchgeführte Untersuchung der Uhrenberge und anderer zwischen ihnen liegender Gipfel. Abb. 78, die den Vermessungsabschnitt vom Zwölferkogel (1982 m) bis zum Sechserkogel (1034 m) aufzeigt, ist interessant und lehrreich. An 3 wichtigen Stationen des Sonnenjahres, der Wintersonnenwende, den Tag- und Nachtgleichen und der Sommersonnenwende finden wir hier den Sonnenlauf über der Horizontsilhouette eingezeichnet. Die Stundenbögen zeigen uns, wie ungleich im Laufe des Jahres die Zeiten sind, an denen die Sonne über dem Himmelsrand steht. So sehen wir z. B. im Sommer die Sonne um 10 Uhr über dem Speickberg (2125 m) stehen und im Winter zur gleichen Zeit am Schönbühel (1784 m) aufgehen.

Wie stets im bergigen Gelände bietet der Wintersonnenlauf auffallende Merkmale. Die Sonne erscheint am kürzesten Tage zunächst in der Senke am östlichen Hang des Schönbühel, verschwindet dann hinter diesem, um mittags die hohe Kuppe des Zwölferkogels zu durchqueren. Dieser Durchgang, den wir in der Abb. 79 mit den wahren Ortszeiten dargestellt haben, ist 44 Tage lang zu beobachten und kündet nicht nur die Mittagsstunden an, sondern der Zwölferkogel ist auch ein ideales Ortungsmal zur Ermittelung des Zeitpunktes Wintersonnenwende. Es ist möglich, daß man mit höher steigender Sonne ihre Aufgänge über markanten Bergspitzen, die als Kalendermarken dienen konnten, beobachtet hat? Doch läßt sich für diese reine Vermutung kein Beweis erbringen.

Die himmelskundliche Bedeutung des Sechserkogels sieht G. Innerebner darin, daß den Sommer über die Sonne gegen 6 Uhr bei diesem Uhrenberg aufgeht. (Strenggenommen sind es 88 Sommertage, vom 9. Mai bis 5. August, so daß die „Uhr" nur etwa ¼ Jahr lang Gültigkeit hat.)

Die Elfer- und Zwölferkogel von Goisern. Auch diesen Uhrenbergen (vgl. die Karte, Abb. 77) widmete G. Innerebner eine Untersuchung [23]. Bemerkenswert ist, daß sich im Umkreis der Uhrenberge von Bad Goisern ein „verdächtiger" Sonnenwendkogel und ein Sonnenkogel befindet. Als Ausgangspunkt der Uhrenberge ermittelte G. Innerebner eine kleine nicht fern vom Ort Ramsau liegende Kuppe, die den Namen „In der Öd" trägt. Die Verhältnisse am Zwölferkogel (1636 m) von Goisern sind ähnlich wie bei seinem Namensvetter von Hallstatt. Um 12 Uhr wahrer Ortszeit steht die Sonne zur Zeit der Sommersonnenwende hoch über dem Kogel, um im Winter bei ihrem tiefsten Lauf für kurze Zeit gut 1° in den Berg zu tauchen.

Der Elferkogel (1583 m) zeigt vom gleichen Standpunkt aus nur eine angenäherte Übereinstimmung zwischen Stundenberg und Sonnenstand. Der dem Ortungsbild zuzuordnende Sonnenwendkogel (1638 m) hat nichts mit der Sonnenwende zu tun. Da jedoch am 14. März und 30. September, also um die Zeit der Äquinoktien, die Sonne von „In der Öd" aus gesehen an der Kuppe des Sonnenwendkogels untergeht, könnte er nach Meinung G. Innerebners die Tag- und Nachtgleichen kennzeichnen. Ich kann dieser Deutung nicht zustimmen, da bei der verhältnismäßig raschen Änderung der Deklination der Sonne um die Äquinoktien die Fehlweisung im Azimut der Größenordnung nach gut 5° beträgt.

Es bleibt noch übrig davon zu berichten, was es mit dem Sonnenkogel auf sich hat. Ihn darf man als Sonnenwendberg ansprechen, denn 17 Tage vor und nach der Sommersonnenwende geht die Sonne genau über seiner Spitze auf.

Mit dieser lehrreichen Betrachtung habe ich nur einen Ausschnitt aus G. Innerebners zahlreichen Ortungsuntersuchungen im Alpenraum vorgestellt. Über den Rahmen meiner Arbeit ginge es auch, von den zahlreichen in den Alpen anzutreffenden Bergspitzen-Uhren oder Sonnenwendbergen zu berichten.

XI. Rückblick — Ausschau

Wenn wir am Schluß dieses Buches rückschauend die Streifzüge der Astronomen durch das Gewirr der aufgetürmten Megalithen vor unseren Augen abrollen lassen, so begegneten wir gewaltigen technischen Leistungen und bewundernswürdigen mathematisch-astronomischen Kenntnissen. Sie sprechen von der denkenden Beschäftigung des Menschen der Steinzeit mit den Himmelserscheinungen, die von jeher den Menschen aller Kulturvölker in ihren Bann gezogen haben. Die Erforschung hat heute die Schwelle der Einzeluntersuchungen überschritten. Wir stoßen nun auf eine neue Forschungsmethode, bei der es gilt, die Einzelergebnisse gewissermaßen als kleine Steinchen zu betrachten, um sie dann in ein großes Mosaik einzufügen. Dieses Mosaik — nennen wir es mit dem Titel dieses Büchleins „Der Himmel über dem Menschen der Steinzeit" — hat heute klare und lebendige Gestalt angenommen. Der Astronom vermag es in großen Zügen zu überblicken und zu deuten.

In der Folgezeit ist es Aufgabe der Forschung, ein solches statistisches Bild zu untermauern, wobei man dem Mosaik natürlich auch alle Fälle einfügen muß, für die sich heute noch keine Deutung finden läßt. Weit mehr als bisher bedarf es hierzu der Mitarbeit der Archäologen, deren noch so schöner Ausgrabungsplan für den Astronomen wenig Wert hat, wenn man sich nicht der Mühe unterzieht, die Lage der Kultstätten auf den Himmelskreis zu beziehen. Kompaßmessungen genügen dabei in vielen Fällen, doch sollte die Mißweisung der Magnetnadel, die ja zeitlich und örtlich veränderlich ist, angegeben oder bei den Katasterämtern erfragt werden. Die Lücken sind noch groß, aber es harrt auch noch ein umfangreiches Material der Vermessung und Auswertung, an der sich auch der Heimatforscher nach seinen Kräften beteiligen sollte.

Literatur

1. Atkinson, R. J. C.: Stonhenge. London 1956.
2. Becker, J.: Steintänze und Steinkreise. Z. Mecklenburg 34, H. 2 (1930).
3. Beltz, R.: Zu den Steintänzen. Z. Mecklenburg 24, 89 u. 100 f. (1926).
4. Broadbent, S. R.: Quantum Hypotheses. Biometrika 42, 45 u. 43, 32 (1955/56).
5. Devoir, A.: Urzeitl. Astronomie in Westeuropa. Mannus 1, Heft 1/2 (1909); — Essai d'interprétation d'une gravure mégalithique. Quimper 1911.
6. Diodorus Siculus. Bibl. Hist. II, S. 47.
7. v. Estorff, C.: Die heidnischen Alterthümer der Gegend von Uelzen. Hannover 1846.
8. Die Externsteine. Z. Hallonen Verlag. Maschen.
9. Feddersen, A.: To Mosefund, Aarböger f. nord. Oldkynlighet og Historie, S. 360 (1881).
10. Franssen, A.: Germanien 1934, S. 230.
11. Fromm, L., Struck, C.: Schweriner Arch. f. Landeskunde XIV (1864).
12. Gandert, O. F.: Die Entdeckung zweier Näpfchensteine in der Dübener Heide. Mitteldeutsche Volkheit, H. 6 (1937).
13. Giot, P. R.: Images de Bretagne, Nr. 10. Chateaulin 1959.
14. Hawkins, G. S.: Stonehenge decoded. New York: Doubleday & Co. Inc. 1965; — Nature 1963, Okt. 26.
15. — Stonehenge a Neolithic Computer. Nature 1964, Juni 27.
16. Hudson, H.: Primitive Calendrical Instruments. Great Ruffins. Essex 1937.
17. Hülle, W.: Die Steine von Carnac. Leipzig: J. A. Barth Verlag 1942.
18. — Steinmale der Bretagne. Ludwigsburg: Verlag Die Karawane 1967.
19. Innerebner, G.: Schalenstein und Sternbild. Der Schlern 1967, S. 463, Bozen.
20. — Bergspitz-Sonnenuhren. Der Schlern 1947, S. 204.
21. — Die Santnerspitzen-Sonnenuhr. Der Schlern 1946, S. 170.
22. — Die Bergsonnenuhr von Hallstatt. Jahrb. d. oberösterr. Musealvereines 98, 177. Linz 1953.
23. — Die Bergortung von Goisern. Jahrb. d. oberösterr. Musealvereines 100, 257. Linz 1955.
24. Kühn, H.: Vorgeschichte der Menschheit. DuMont Dokumente, Bd. 1 bis 3. Köln: DuMont-Schauberg 1962/63/65.
25. Lentz, W.: Zeitrechnung in Nuristan und am Pamir. Abh. d. Preuß. Ak. d. Wissenschaften, phil.-hist. Kl. 7. Berlin 1939.
26. Lockyer, N.: Stonehenge and other British Stone Monuments. London 1909.
27. Müller, R.: Himmelskundliche Ortung auf nordisch-germanischem Boden. Leipzig: Curtz Kabitzsch Verlag 1936.

28. Müller, R.: Zur Frage der astr. Bedeutung der Steinsetzung Odry. Mannus 26, 189 (1934).
29. — Die astr. Bedeutung des Mecklenburgischen Steintanzes. Präh. Z. 22, 197 (1931).
30. — Ergebn. einer Vermessung vorgeschichtl. Grabhügel auf der Insel Sylt. Mannus 31, 76 (1939).
31. Pörtner, R.: Bevor die Römer kamen. Düsseldorf: Econ Verlag 1961.
32. Reuter, O. S.: Germanische Himmelskunde. München: J. F. Lehmanns Verlag 1934.
33. Richter, G.: Vorgeschichtliches Sonnensystem entdeckt. Die Externsteine 1968, S. 371.
34. Rouzic, Z.: La Table des Marchands, ses signes sculpés. Nancy 1908.
35. Sieveking, G.: Versunkene Kulturen. München-Zürich: Droemersche Verlagsanstalt 1963.
36. Stephan, P.: Vorgeschichtliche Sternkunde und Zeiteinteilung. Mannus 7, 213 (1914).
37. Somerville, B. T.: Instances of orientation in ancient monuments. Archaeologia 73 (1922/23).
38. Teudt, W.: Germanische Heiligtümer. Jena: Eugen Diederich 1906.
39. Thom, A.: Megalithic Sites in Britain. Oxford: Clarendon Press 1967; — Megalithic Astronomy. Vistas in Astronomy, Vol. 7, 1. (1965). Vol. II, 1 (1969) Oxford: Pergamon Press.
40. — The geometry of Megalithic man. Math. Gaz. 45, 83 (1961); — The egg-shaped standing stone rings of Britain. Arch. Int. Hist. Sci. 14, 291 (1961); — Megaliths and Mathematics. Antiquity, Vol. XL (1966).
41. — The Megalithic Unit of Lenght. J. Roy. Stat. Soc. 125, Part 2, 243 (1962).
42. The Larger Units of Lenght of Megalithic Man. J. Roy. Stat. Soc. 127, Part 4, 527 (1964).
43. — Prehistoric Observatories. New Scientist 4, Apr. 1968.
44. Timm, W.: Mecklenburgs Steintanz. Eine 3000 Jahre alte Sternwarte. Meckl. Monatshefte 4, 475 u. 552 (1928).
45. Wattenberg, D.: Die astr. Bedeutung der „Visbeker Braut". Das Weltall 1934, S. 166.

Sachverzeichnis

Alhorner Heide 2, 75 f.
Aldebaran, Stern 129
Anderlingen 3
Antares, Stern 128, 129
Arktur, Stern 58, 129, 136 f.
Atair, Stern 117, 129
Aubrey-Löcher s. Stonehenge
Augenmotiv 4, 70
Auslegersteine 41, 43, 74, 84, 85
Avebury, Steinsetzung 71 f.
Azimut 12

Babylon 139
Ballochroy, Steinsetzung 32
Bealtaim, Lichtgott 30
Bellatrix, Stern 129
Bergsonnenuhren 141 f.
Beteigeuze, Stern 129
Boitin, Steintanz 40, 45 f., 81 f.
—, Astr. Bedeutung 82 f.
—, Form und Maße 46 f.
Bretagne 71, 97, 99 f.
—, Concareau, Grab 105
—, Crucuno, Grab 105
—, Kercado, Grab 104
—, Kerlescan, Sonnenkalender 102
—, Kermario, Steinreihe 101
—, Kerveresse, Grab 105
—, Krummstäbe 70, 107
—, Mané Groh, Grab 105
—, Mané Ruthual, Grab 105
—, Maßzahlen 103
—, Menhir indicateur 101
—, Steinreihen 99 f.
—, Tisch der Kaufleute 70, 105, 106 f.
—, Vieux Moulin, Steinpfeiler 106

Caithness, Steingehege 95 f.
Callanish I, Ausrichtung 116
Callanish V, Mondortung 118
Campbelton, Mondortung 119

Canopus, Stern 58
Capella, Stern 3, 58, 74, 87, 98, 106, 112, 115, 118, 128, 131 f., 136 f.
Castor, Stern 129, 134
Cheopspyramide 35
Chromlech 104, 108
Chronologie 2, 125, 131
Clava, Sonnenwarte 109 f.

Dänemark 7, 71, 139
Deklination 12, 15, 23
Deklinationsdiagramm 23, 78, 126 f.
Deneb, Stern 73, 78, 115, 129, 132, 136 f.
Denghoog, Sylt 30
Diodors Bericht 63, 108
Dresdener Kodex 140
Druidenhain 6
Druidentempel 43

Einheitsmaß 2, 34 f., 36 f., 44, 45, 48, 72 f., 74, 97, 103, 110
Ekliptik 15, 19, 61, 63, 124
Externsteine 6, 88 f., 115
Extremwerte s. Mond

Finsternisse s. Sonnen- oder Mondfinsternisse
Finsternisjahr 19
Frühaufgang 125

Ganggräber, Ausrichtung 104 f.
—, Richtungsbild 113
Glaner Braut 76, 78
Goisern, Bergsonnenuhr 146

Hallstadt, Bergsonnenuhr 143 f.
Haus der Feen, Langgrab 112
Himmelsäquator 12, 26
Himmelskundl. Begriffe 9 f.
Himmelswagen 135

151

Hindukusch 5, 93
Hohe Steine 76, 78
Horizonthöhe 13
Horizontalparallaxe 13, 122
Hünenbetten 75

Inka 140
Irminsul 139

Jahresteilung 26

Kleinknetener Steine 76, 78
Klopzow, Steinkreis 84

Lammas, Datum 113
Lewis, Grab 113
Lunation s. Mondlunation

Maya 140
Mecklenburg 8, 43, 81
Megalithische Elle s. Einheitsmaß
Metonzyklus 63
Meßdaten 12
Milchstraße 133
16 Monatekalender 27, 105
Monddeklination 17 f., 23
Mondextrem 19, 65, 115, 123
Mondfinsternisse 60, 62, 64 f., 68, 107
Mondkontenumlauf 16 f., 25, 62
Mondlauf 16, 21, 64, 80
—, 173tägiger 19, 116, 118 f., 124
Mondlunation 16, 63, 69, 108
Mondortungen 21, 32, 83, 87, 118 f., 120, 123
—, Überblick 121
Mondzyklus, 56jähriger 66

Nördliche Krone 133, 134

Orion 129
Odry, Steinkreise 14, 34, 85
—, Astr. Bedeutung 87 f.
—, Einheitsmaß 36 f.

Pi = π 73, 111
Planeten s. Wandelsterne
Plejaden 115
Polarkreis 9
— des Mondes 20, 116
Polarstern 12, 137
Pollux, Stern 129, 134

Procyon, Stern 129
Pythagoreische Dreiecke 2, 42, 44 f., 48

Radiokarbonmethode 2, 3, 60
Rechendaten 14, 16
Regulus, Stern 129
Religion 3
Rhives, Hügelgrab 113
Richtungsbild 22
Rigel, Stern 115, 129

Samhaim, Datum 30
Saroszyklus 61
Schalensteine 134
Schriftzeichen s. Zeichnungen
Seelenloch 5
Sextener Uhrenberge 141 f.
Sirius, Stern 58, 129
Sonnendeklination 15, 17, 26, 28
Sonnenfinsternisse 60, 62, 64 f., 67, 107
Sonnenkalender 22, 25, 27 f., 31, 102
Sonnenloch 6, 90
Sonnenwarten 10, 28, 32, 109
Sonnenwenden 9 f., 26, 114
Sothisjahr 125
Spica, Stern 129
Spornitz, 7 Steine 85
Steinkreise 2, 5, 22, 36, 40 f.
—, Eiförmige 43, 45
—, Ellipsen 49
—, Flachkreise 42
—, Konstruktion 41
—, Umfang 49, 73, 74, 110
Steinpfeilerreihen 99 f.
Sterne 3, 31, 125 f.
—, Auf- und Untergänge 125
—, Chronologie 131
—, Felszeichnungen 134
—, Helligkeiten 130
—, Jahreslauf 138
—, Ortungsdiagramm 127 f.
—, Uhrsterne 3, 97, 136 f.
Sternhimmel 133
Sternkarte 134, 137
Stonehenge 9, 22, 34, 50, 71, 102, 108
—, Astronomische Bedeutung 52 f.
—, Aubrey Löcher 50, 59, 67, 108

Stonehenge, Bauperioden 50
—, Heelstein 50, 55, 64 f.
—, Rechenmaschine 67
—, Sarsenkreis 51, 54, 69
—, Wahrscheinlichkeit 56 f.
—, Zyklus, 56jähriger 66
Strahlenbrechung 13 f.
Sylt, Kalendermarken 30 f.
—, Mondortung 120

Tag- und Nachtgleichen 11, 27, 31, 34, 87
Tropisches Jahr 17, 28, 63
Trundholm, Sonnenwagen 8

Uelzen 8
Uhrenberge 141 f.
Uhrensteine 3, 97, 136 f.

Umfang der Kreise 49, 73, 74, 110

Varga, spanische 35
Verlöschungspunkt 13, 130
Visbeker Braut 76, 78, 79 f., 115
Visbeker Bräutigam 76, 78

Wahrscheinlichkeit 35 f., 38 f., 48
Wandelsterne 139 f.
Wega, Stern 58, 129, 136 f.
Weltmitte 137, 139
Woodhenge, Steinkreise 74 f.

Zeichnungen 3 f., 69 f., 107
Zerstörung 6, 99
Züschen, Lochstein 5

Herstellung: Konrad Triltsch, Graphischer Betrieb, 87 Würzburg

Verständliche Wissenschaft

Lieferbare Bände:

- 1 K. v. Frisch: Aus dem Leben der Bienen
- 3/4 R. Goldschmidt: Einführung in die Wissenschaft vom Leben oder Ascaris
- 18 H. Winterstein: Schlaf und Traum
- 19 W. v. Buddenbrock: Die Welt der Sinne
- 23 F. Heide: Kleine Meteoritenkunde
- 28 K. Krejci-Graf: Erdöl
- 29 L. Jost: Baum und Wald
- 32 H. Giersberg: Hormone
- 33 W. Goetsch: Die Staaten der Ameisen
- 34 O. Heinroth: Aus dem Leben der Vögel
- 35 E. Rüchardt: Sichtbares und unsichtbares Licht
- 36 W. Jacobs: Fliegen, Schwimmen, Schweben
- 37 K. Jung: Kleine Erdbebenkunde
- 39 H. Glatzel: Nahrung und Ernährung
- 42 K. Stumpff: Die Erde als Planet
- 43 W. Kruse: Die Wissenschaft von den Sternen
- 49 A. Defant: Ebbe und Flut des Meeres, der Atmosphäre und der Erdfeste
- 50 Th. Georgiades: Musik und Sprache
- 51 J. Friedrich: Entzifferung verschollener Schriften und Sprachen
- 52 R. Wittram: Peter der Große
- 53 K. Wurm: Die Kometen
- 54 W. Frhr. v. Soden: Herrscher im alten Orient
- 55 A. Thienemann: Die Binnengewässer in Natur und Kultur
- 56 E. Bünning: Der tropische Regenwald
- 57 F. Knoll: Die Biologie der Blüte
- 58 B. Huber: Die Saftströme der Pflanzen
- 59 W. E. Petrascheck jr.: Kohle
- 61 A. Portmann: Tarnung im Tierreich
- 62 H. Israël: Luftelektrizität und Radioaktivität
- 63 F. Schwanitz: Die Entstehung der Kulturpflanzen
- 64 R. Demoll: Früchte des Meeres
- 65 N. v. Holst: Moderne Kunst und sichtbare Welt
- 66 E. Ebers: Vom großen Eiszeitalter
- 67 J. Weck: Die Wälder der Erde

68 K. O. Kiepenheuer: Die Sonne
69 L. M. Loske: Die Sonnenuhren
70 O. F. Bollnow: Die Lebensphilosophie
71 E. Rüchardt: Bausteine der Körperwelt und der Strahlung
72 P. Lorenzen: Die Entstehung der exakten Wissenschaften
73 N. Arley/H. Skov: Atomkraft
74 G. H. R. v. Koenigswald: Die Geschichte des Menschen
75 P. Buchner: Tiere als Mikrobenzüchter
76 A. Gabriel: Die Wüsten der Erde und ihre Erforschung
77 E. Hadorn: Experimentelle Entwicklungsforschung an Amphibien
78 F. Schaller: Die Unterwelt des Tierreiches
79 B. Peyer: Die Zähne. Ihr Ursprung, ihre Geschichte und ihre Aufgabe
80 E. J. Slijper: Riesen des Meeres
81 E. Thenius: Versteinerte Urkunden
82 H. Trimborn: Die indianischen Hochkulturen des alten Amerika
83 K. Koch: Das Buch der Bücher
84 H. H. Meinke: Elektromagnetische Wellen
85 J. Fraser: Treibende Welt
86 V. Ziswiler: Bedrohte und ausgerottete Tiere
87 G. Osche: Die Welt der Parasiten
88 S. L. Tuxen: Insektenstimmen
89 F. Henschen: Der menschliche Schädel in der Kulturgeschichte
90 R. Müller: Die Planeten und ihre Monde
91 C. Elze: Der menschliche Körper
92 E. T. Nielsen: Insekten auf Reisen
93 H. Hölder: Naturgeschichte des Lebens
94 H. Reuter: Die Wissenschaft vom Wetter
95 A. Krebs: Strahlenbiologie
96 W. Schwenke: Zwischen Gift und Hunger
97 K. L. Wolf: Tropfen, Blasen und Lamellen
98 H. W. Franke: Methoden der Geochronologie
99 H. Wagner: Rauschgiftdrogen
100 E. Otto: Wesen und Wandel der ägyptischen Kultur
101 F. Link: Der Mond
102 G.-M. Schwab: Was ist physikalische Chemie?
103 H. Donner: Herrschergestalten in Israel
104 G. Thielcke: Vogelstimmen
105 G. Lanczkowski: Aztekische Sprache und Überlieferung
106 R. Müller: Der Himmel über dem Menschen der Steinzeit
107 W. Braunbek: Einführung in die Physik und Technik der Halbleiter

MIX
Papier aus verantwortungsvollen Quellen
Paper from responsible sources
FSC® C105338

If you have any concerns about our products,
you can contact us on
ProductSafety@springernature.com

In case Publisher is established outside the EU,
the EU authorized representative is:
**Springer Nature Customer Service Center GmbH
Europaplatz 3, 69115 Heidelberg, Germany**

Printed by Libri Plureos GmbH
in Hamburg, Germany